工业和信息化普通高等教育“十二五”规划教材立项项目
21世纪高等学校计算机规划教材　21世纪高等学校应用型本科规划教材

大学计算机基础实践教程（第3版）

Experiments on Fundamentals of Computer
(3rd Edition)

王洪海 张健 主编
金美莲 方敏 主审

人民邮电出版社
北京

图书在版编目（CIP）数据

大学计算机基础实践教程 / 王洪海，张健主编. -- 3版. -- 北京 : 人民邮电出版社，2015.9（2015.9重印）
21世纪高等学校计算机规划教材
ISBN 978-7-115-39911-3

Ⅰ. ①大… Ⅱ. ①王… ②张… Ⅲ. ①电子计算机—高等学校—教材 Ⅳ. ①TP3

中国版本图书馆CIP数据核字(2015)第160609号

内 容 提 要

本书是主教材《大学计算机基础》（第 3 版）的配套实践教材。本实践教程根据主教材的章节编排，共安排了 20 个独立实验和 5 个综合训练，主要是培养学生的实际应用实践能力。在本书的附录中，也给出了主教材中部分章节后习题的参考答案，供学习者参阅。

本书的编者都是多年从事教学工作、具有丰富经验的一线教师，较好地保证了图书的质量。全书内容丰富，覆盖面较广，通俗易懂，应用性较强。

本书不仅可以作为应用型本科高校计算机基础课程的配套教学用书，也可以作为其他大中专院校计算机基础课程的配套教材与参考书。

◆ 主　　编　王洪海　张　健
主　　审　金美莲　方　敏
责任编辑　邹文波
责任印制　沈　蓉　彭志环
◆ 人民邮电出版社出版发行　　北京市丰台区成寿寺路 11 号
邮编　100164　　电子邮件　315@ptpress.com.cn
网址　http://www.ptpress.com.cn
北京天宇星印刷厂印刷
◆ 开本：787×1092　1/16
印张：8.25　　2015 年 9 月第 3 版
字数：208 千字　　2015 年 9 月北京第 2 次印刷

定价：24.80 元

读者服务热线：(010)81055256　印装质量热线：(010)81055316
反盗版热线：(010)81055315

本书编委会

主　编　王洪海　张　健
主　审　金美莲　方　敏
副主编　蔡文芬　徐丽萍　韩凤英

第 3 版前言

上机实践是学习计算机知识的一个重要环节。为了配合教学，提高学生对主教材上所讲知识点的理解和实际操作能力，指导学生更好地完成实践环节，提高上机实验的效率，我们授课一线的教师根据自己多年的实践教学经验，编写了本书。

全书由 20 个独立实验和 5 个综合训练组成，内容主要涉及计算机基础知识、Windows 7 操作系统、Office2010 模块操作等知识点，可操作性较强。

《大学计算机基础实践教程(第 3 版)》也是安徽三联学院校级质量工程项目“应用型本科教材开发”的立项教材，从该项目的立项到具体落实，始终得到了校领导及各位同仁的大力支持与帮助。在本书编写过程中，编者有幸请到安徽三联学院副校长金美莲女士、安徽三联学院电子电气工程学院院长方敏女士作为本书的主审人，在此一并表示衷心的感谢！参与本编写工作的除了有安徽三联学院王洪海、蔡文芬、张健、徐丽萍等同志以外，兄弟院校的韩凤英副教授也参与了本书部分章节的编写工作。

本书在编写过程中参考了有关书籍和文献，谨向原作者表示诚挚的谢意。由于编者水平有限，书中难免有不妥之处，敬请广大读者批评指正。

编　者

2015 年 5 月

目 录

第一部分 基本实验

实验1 计算机系统的组成及设置

1. 实验目的

（1）了解计算机系统的组成。

（2）掌握计算机系统的开机、关机方法。

（3）掌握 BIOS 的常用设置。

（4）熟悉 Win 7 操作系统的安装。

2. 实验内容

（1）计算机基本操作。

① 从外观上认识计算机，认识机箱、显示器、鼠标、键盘。

② 掌握计算机系统的启动方法。

- 冷启动：先打开外设电源；再打开主机电源“Power”。
- 热启动：同时按下【Ctrl+Alt+Del】组合键。
- 复位启动：按主机面板上的复位【Reset】键。

不要反复开关计算机电源，避免损坏计算机。

③ 掌握计算机系统的关机方法。

在任务栏中选择“开始”→“关闭计算机”→“关闭”。

（2）常用 BIOS 的设置。

CMOS 是计算机主板上的一块可读写的 RAM 芯片。BIOS 是专门用来设置硬件的一组计算机程序，该程序保存在主板上的 CMOS RAM 芯片中，通过 BIOS 可以修改 CMOS 的参数。由此可见，BIOS 是用来完成系统参数设置与修改的工具，CMOS 是设定系统参数的存放场所。

① 进入 BIOS 设置程序。

启动计算机后，BIOS 将会自动执行自我检查程序，这个程序通常被称为上电自检。在 BIOS 自检后，当屏幕左下角显示进入 BIOS 设置程序的提示时（如“Press Del to Enter Setup”），按下相应的按键，用户就可以进入 BIOS 设置程序。一般 Award BIOS 按【Delete】键，而 AMI BIOS

按【F2】键或【Esc】键。Award BIOS 的主界面如图 1-1 所示。

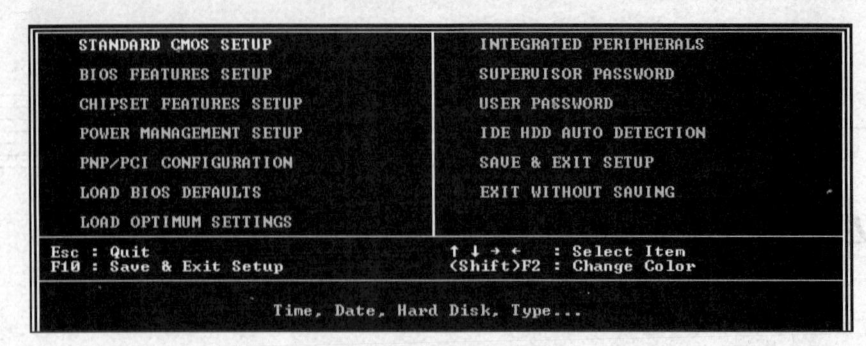

图 1-1　Award BIOS 主界面

② 设置系统日期和时间。

在 BIOS 中可以设置计算机的系统日期和时间，方法是：在 BIOS 主界面中用键盘的方向键选择“STANDARD CMOS SETUP”（标准 CMOS 设定）选项，按回车键后，进入如图 1-2 所示的界面，使用左右方向键移至日期参数处，按【Page Down】键或【Page Up】键设置日期参数，使用同样的方法设置时间，最后按【Esc】键返回主界面。

图 1-2　设置日期和时间

③ 设置设备的启动顺序。

在 BIOS 主界面中选择“BIOS FEATURES SETUP”（BIOS 功能设定）选项后按回车键，进入调整启动的设备顺序界面，如图 1-3 所示。在界面中选择“Boot Sequence”（开机优先顺序），通常的顺序是：“A，C，SCSI，CDROM”，如果需要从光盘启动，可以调整为 ONLY CDROM，正常运行最好调整为由 C 盘启动。

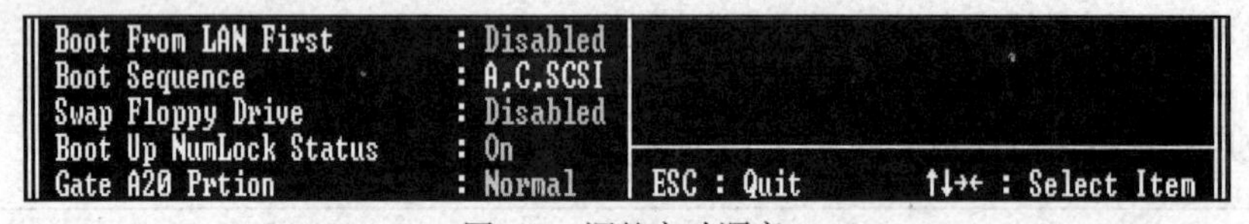

图 1-3　调整启动顺序

④ 设置开机密码。

用户除了在系统中为系统设置密码外，还可以在 BIOS 中设置开机启动密码。在 BIOS 主界面中选择“SUPERVISOR PASSWORD”选项后按回车键，出现输入密码的界面，输入自己的密码并按回车键确定，这时会提示再次输入密码，继续按回车键确认，完成密码设置。

⑤ 退出 BIOS 主界面并保存设置。

在 BIOS 主界面中选择“SAVE & EXIT SETUP”选项后按回车键，出现提示语句“SAVE to CMOS and EXIT(Y/N)?”。输入字母“Y”后，按回车键确定，保存设置并退出 BIOS 主界面。

（3）Win 7 操作系统的安装。

第一步：使用 Win 7 光盘引导启动。开机按【F12】键，选择 CD-ROM 启动。在出现“Press any key to boot from CD or DVD...”时，按任意键启动。出现“Windows 正在加载文件”进度指示器。

第二步：出现“正在启动 Windows”界面，这是 Win 7 启动的“初始屏幕”。

第三步：在“要安装的语言”界面中选择中文，直接单击“下一步”按钮开始安装。

第四步：在“许可条款”后选中“我接受许可条款”，然后单击“下一步”按钮。

第五步：在“安装类型”中选择“自定义”安装，单击“下一步”按钮。

第六步：出现“您想将 Windows 安装在何处？”，在此步骤选择目标磁盘或分区，在具有单个空硬盘驱动器的计算机上只需单击“下一步”按钮执行默认安装。

第七步：按照电脑提示单击“下一步”按钮进行安装即可。在安装过程中，电脑要自动进行几次重新启动，大概 20 分钟后，操作系统安装完成。

3. 问题解答

（1）可否带电插拔主机与外设的接口线？

解答：除支持热插拔的接口（如 USB）设备可以带电插拔外，其余接口设备，必须先关机、后连接。

（2）U 盘灯亮时如何正确拔出该设备？

解答：先关闭该设备有关程序、文件及设备窗口，再单击或右击任务栏上移动设备图标，打开快捷菜单或窗口，单击“弹出”命令后方可拔出。

（3）开启计算机时，若 BIOS 提示短句“CMOS battery failed”，该如何处理？

解答：BIOS 提示短句“CMOS battery failed”表明 CMOS 电池没电了，需要换一块新的。

（4）开启计算机时，BIOS 提示短句“Press Esc to skip memory test”的意思是什么？

解答：提示用户正在进行内存检查，按下【Esc】键可跳过检查。

4. 思考题

（1）为什么键盘、鼠标正确连接后即可使用，而打印机却不行？

（2）计算机的冷、热启动有什么区别？

（3）在 BIOS 中可以看到“SET SUPERVISOR PASSWORD”和“SET USER PASSWORD”两个选项，两者有何区别？

实验 2　键盘操作与指法练习

1. 实验目的

（1）了解计算机键盘结构及各部分的功能。

（2）熟悉计算机键盘指法分区图，掌握正确的操作指法。

（3）养成正确的击键姿势。

2. 实验内容

（1）键盘结构。

认识计算机键盘结构及各部分的功能，如图 2-1 所示。

功能键区：功能键区位于键盘的最上端，由【Esc】、【F1】～【F12】13 个键组成。【Esc】键称为返回键或取消键，用于退出应用程序或取消操作命令。【F1】～【F12】12 个键被称为功能键，在不同程序中有着不同的作用。

主键盘区：该区域是最常用的键盘区域，由 26 个字母键、10 个数字键以及一些符号和控制键组成。

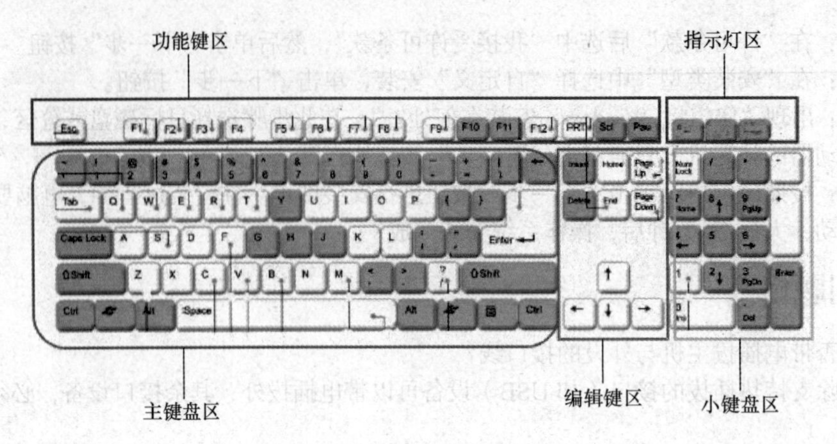

图 2-1　计算机键盘结构

编辑键区：编辑键区共有 13 个键，下面 4 个键为光标方向键，按下这些键，光标相应向 4 个方向移动。

小键盘区：该区域通常也叫做小键盘，主要用于输入数据等操作。当键盘指示灯区的 Number Lock 指示灯亮起时，该区域键盘被激活，可以使用；当该灯熄灭时，则该键盘区域被关闭。

指示灯区：位于键盘的右上方，由【Caps Lock】、【ScrollLock】、【Num Lock】3 个指示灯组成。

（2）熟悉组合键的用法。

键盘快捷方式是使用键盘来执行操作的方式。因为其有助于加快工作速度，从而将其称作快捷方式。事实上，可以使用鼠标执行的所有操作或命令几乎都可以使用键盘上的一个或多个键更快地执行。

① 打开某文件夹，按下【Ctrl+A】组合键，看看有什么现象出现。

② 选定某文件夹中的一个文件后，按下【Ctrl+C】组合键，打开另一个文件夹，按下【Ctrl+V】组合键，看看执行了什么操作。

③ 在某文件夹中，按下【Ctrl+H】组合键，看看打开什么栏。

了解一些组合键的用法，可以使用键盘来控制计算机，这有助于提高操作效率。

（3）键盘操作及指法。

指法即手指分工，就是把键盘上的全部字符合理地分配给两手的 10 个指头，如图 2-2 所示。

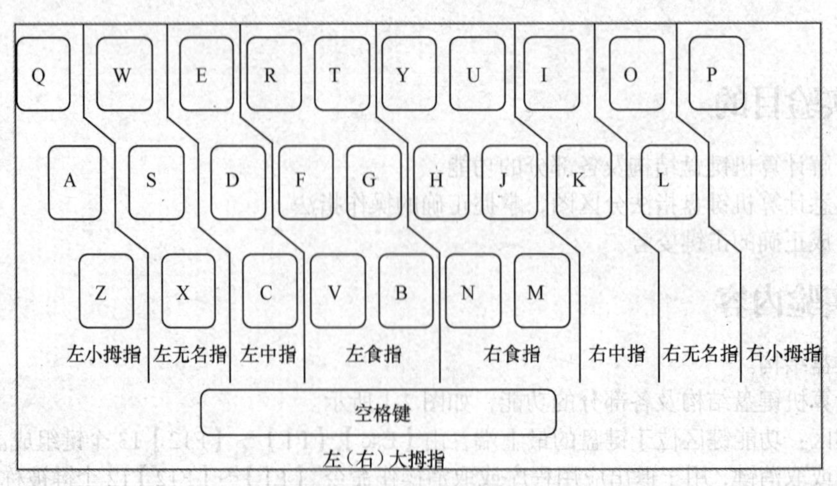

图 2-2　键盘指法分区图

① 基本字母键指法练习。

手指微拱起，轻放在字键上，固定手指位置后，就不必看键盘，注意力应集中于文稿。

练习：

fff jjj；fjf jfj；fjf jjj ；fff jjj； fjf jfj ；jjj ddd kkk ；dkd kdk dkd ；aaa a; sss lll; sls lsl ； lll sss lsl sls ； a as ass aass lass; asl； lad lads； a lass； asa lad asks；alas a lad fal ls； ask a；lass as； jaf fa；falls；all jaffas；add sjs jsj dad asks

② E 和 I 键的指法练习。

原来按 D 键的左手中指向前（微偏左方）伸出击打 E 键；原来按 K 键的右手中指向前（微向左方）伸出击打 I 键。击打完后手指应立即回到基本键位上。

练习：

ded dee；kik ii； fed jik ； see sea ； desk deal；ill lid；sail kill ； fed ask sail jail ；file file；lake lade； jell less like；sell jade a safe idea； a lad said； a feded leaf； file jail desk

③ G 和 H 键的指法练习。

原来按 F 键的左手食指向右伸一个键的距离击打 G 键；原按 J 字键的右手食指向左伸一个键位距离击打 H 键。击打完后手指应立即回到基本键位上。

练习：

ghgh hghg；fgf jhj；fgf jhj；had glad ；high glass； haga shsh ；dhdg gjhj ；gkhk lghg ；gah dhgj fhg；dhgj fhg

④ R、T、U、Y 键的指法练习。

原来按 F 键的左手食指向上方（微微偏左）伸出击打 R 键；左手食指向右上方移动击打 T 键；原来按 J 键的右手食指向上方（微微偏左）伸出击打 U 键；右手食指向左上方移动击打 Y 键。

练习：

ghgl ahgl ；gega dagg； gaff gall； gash sled； gild sigh； sash lags； dash shed； fish heighl; galash allege； jagged haggle； shield fledge； silage ahead ；flag gage； khaki frf ；juj frf hyh ftf ; gtg rug； gru htg ruy hty hgy ytr ；at a future date ;the judge is just; at least a year; use the regular rate; rest a little;after that date; a safe rige;free rides;the duke rides;a girl tales if the jury is ready;the adjusted digure is right

⑤ W、Q、O 和 P 键的指法练习。

原来按 S 键的左手无名指向左上方移动，并略微伸直击打 W 键；左手小指同样动作击打 Q 键；原来按 L 键的右手无名指向左上方移动，并略微伸直击打 O 键；右手小指向左上方移动，并略微伸直击打 P 键。

练习：

Sws lol aqa ；p aqa wowow qowp wipe qipe ；riwot wet pop；quit weep ；pail sail ；pike joke fork work rough tough queer write pull swell told quart would world pepeer worthy without withdraw he wiped his pipe;his eyes were popped out;the worker wqs operated here;they withdrew to the opposite side

⑥ V、B、M、N 键的指法练习。

原来按 F 键的左手食指向右下方伸出击打 V 键，原来按 F 键的左手食指向右下方移动，击打 B 键，原来按 J 键的右手食指向左下方伸出击打 N 键，向右下方伸出击打 M 键。

练习：

vvv bbb nnn mmm； fvf jmj； fbf jnj ；fvb jnm bub nrn dvd ；kmk dbd knk； nfbk dnkv； nine nun granny needle nibblenew never near nauht man member muse movable museum mother means mood bird brief bride burn burst better beside besive vie view viewpoint visa valve valid valid valise vain in the norning;in the afternoon;in the meantime at night;on the boat;in spring;in winter; a kind man above the door; every line;a big demand; between bames;over a month;made a mistake;both hands;

⑦ C、X、Z、.、,、/键的指法练习。

原来按 D 键的左手中指向右下方移动，手指微曲击打 C 键；原按 S 键的左手无名指向右下方移动击打 X 键；原先按 A 键的左手小指向右下方移动击打 Z 键；原按 L 键的右手无名指向右下方移动击打（.）键；原按 K 键的右手中指向右下方移动击打（,）键；原按（;）键的右手小指向右下方移动击打（/）键。

练习：

dcd cdc sxs xsx k, zsz zdz ziz kze aze zea c/c z,z ,./ ,./ z,x.c/ /z/zz,x.c/x/xx/./xz/zc/zx/z cabin cactus call classic xylograph xylogen xanthic xsw fox excite next zero zoo zest zeal size zone cabin cake cake clean school came class music science back class copy which once reach child copy which once reach child

⑧ 4、5、6、7 键的指法练习。

打 4 字键时，原来按 F 键的左手食指向左上方移动，越过 R 键，同样用左手食指向右上方移动击打 5 字键；用右手食指向左上方移动越过 U 键击打 7 字键；用右手食指向左上方移动越过 Y 键击打 6 字键。打这些键时，手指都要伸直。

练习：

frf f4f f5f juj j7j j6j juj 44f rinks; 44rinds;4 f4f and 44 flit;the 44 trees;if 44 find;f5f f5 fish fits f5f 55f hide 55 flies;held 55 ffetes;55 fleets f5f j77 h77 j7j urge 77 used 77 jaws j7j 77 just 77 j77j j6j 66 jails jerky 66 jetty 66 jenny j6j jj66 j6j 66 jerks;66 joins;666 jokes;66 jays j6j jj66 66

⑨ 1、2、3、8、9、0 键的指法练习。

打 1 字键时，原来按在 A 的左手小指向上偏左方向移动，越过 Q 键，同样左手无名指击打 2 字键，用左手中指击打 3 字键，用右手中指击打 8 字键，用右手无名指击打 9 字键，用右手小指击打 0 字键。打这些字键时，所用手指都要向前伸展，使其他手指变得更弯曲。

练习：

ded d3d sws s2s kik k8k l0l l9l l0l;she had 33;she sees 3 elks; he had ded d3d 22 sails; swaeets; say s2s; the 88 skiffs sail; the kites failed k8 k8k the 99 fofts; and loans; are 99 lost 999 l9l boys 27 girls 38 bubbles 49 bunies 50 cattle 61 12 yesterday;34 tooday; 56 tonorrow;78 always; 90

⑩ 上档键【Shift】的指法练习。

上档键【Shift】在键盘上左右各一个，分别由对应的左右手小指负责。若要打大写字母或键上面上档部分的符号时，需使用上档键。如果打的字符键在键盘的左半部分，则用右手小指按住上档键；反之，用右手小指按住上档键。

what is the rate of exchange:Is it a favoravle one for janet? I see Ada is ready.If Hugh is ready,I shall start.In view of this information,Mr.Robinson,we are not willing to sigh the a greement. What does Kayed say that makes the clerk nerbous? When are the rate of interest and the nonthly repayments fixed? The Anglo_French Martitime Company has a fleet of 75 steamships, 8 tenders,15barges,29 tugboats,and 30 other craft.Joeasked that you please call him between 7and 8 tonight 58%print 69*56 let x! =90+190 @say print abd $,gh#,kil!,f^3 sin (x+4)log(d^4)/6 print “abcdefg”A$>b$

（4）搜狗拼音输入法。

该输入法偏向于词语输入特性，是国内现今主流的汉字拼音输入法之一。

① 输入法切换：用【Ctrl+Shift】组合键键切换到搜狗输入法，也可以为该输入法设置快捷键。

② 中英文切换输入：

- 默认按下【Shift】键切换到英文输入状态，再按一下【Shift】键返回中文状态。
- 用鼠标单击状态栏上面的中字图标也可以切换。
- 回车输入英文：输入英文，直接敲【回车】键即可。
- V 模式输入英文：先输入“V”，然后再输入英文，可以包含@、+、*、/、-等符号，敲空格即可。

③ 输入法的设置：用鼠标右击输入法条，利用快捷菜单中的各项命令进行输入法的设置。

④ 输入法的使用：在输入窗口输入拼音，然后依次选择需要的字或词。

- 默认的翻页键是逗号（,）和句号（。），也可用加号（+）和减号（-）。
- 输入符号：搜狗拼音将许多符号表情整合进词库。

练习：输入“haha”，输入“QQ”。

- 快速输入表情以及其他特殊符号：

输入拼音“xiao”，看输入内容选择条上有哪些选项。

单击输入法设置按钮，选择“特殊符号”，练习输入一些特殊的字符。

直接输入生僻字的组成部分的拼音即可。

练习：输入拼音“chong”，词语选择条上可翻页找到“蟲”字。

- 拆字辅助码：对于单字输入，可快速定位到需要的字。需要的字在输入条中位置靠后且能被拆成两部分时，可按照“本字拼音，按下【Tab】键不放，再输入字两部分的首字母”。

练习：“娴”输入的顺序为“xian+tab+nx”。

- 笔画筛选：对于单字输入还可用笔顺快速定位该字。输入一个或多个字后，按下【Tab】键不放，然后用h横、s竖、p撇、n捺、z折依次输入第一个字的笔顺，找到该字为止。五个笔顺的规则同上面的笔画输入的规则。要退出笔画筛选模式，只需删掉已经输入的笔画辅助码即可。

练习：“珍”字，输入zhen后，按下【Tab】键不放，再输入珍的前两笔划“hh”。

- U拆字方法：对于不认识的字可以用U拆字方法，将该字拆分为几个字，再按“U+第一个字拼音+第二个字拼音”的顺序输入。

练习：“窈”可输入“uxueyou”。

- 偏旁读音输入法：可利用偏旁的读音输入偏旁部首。

练习（见表2-1）：

表2-1　偏旁输入

偏旁	名称	读音	偏旁	名称	读音	偏旁	名称	读音
丶	点	dian	氵	三点水	san	礻	示字旁	shi
丨	竖	shu	忄	竖心旁	shu	攵（夂）	反文旁	fan
乛	折	zhe	艹	草字头	cao	牜	牛字旁	niu
冫	两点水	liang	宀	宝盖	bao	疒	病字旁	bing
冖	秃宝盖	tu	彡	三撇	san	衤	衣字旁	yi
讠	言字旁	yan	丬	将字旁	jiang	钅	金字旁	jin
刂	立刀旁	li	扌	提手旁	ti	虍	虎字头	hu
亻	单人旁	dan	犭	犬	quan	（罒）	四字头	si
卩	单耳旁	dan	饣	食字旁	shi	（覀）	西字头	xi
阝	左耳刀	zuo	纟	绞丝旁	jiao	（訁）	言字旁	yan
辶	走之底	zou	彳	双人旁	chi			

3. 问题解答

输入大写英文字母有哪两种方法？

解答：输入大写英文字母常用的有两种方法。

方法一：按住【Shift】键不放，再按字母键。

方法二：按一下【Caps Lock】键（指示灯亮），然后再按字母键。

4. 思考题

（1）简述键盘各部分的功能。

（2）功能键【F1】～【F12】的功能由什么决定？

（3）如何将搜狗拼音输入法设定为默认输入法?

（4）搜狗拼音输入法应该如何设置?

实验3 Win 7的基本操作及定制

1. 实验目的

（1）掌握Win 7的启动与退出方法。

（2）熟练掌握Win 7的窗口操作方式。

（3）熟练掌握Win 7“开始”菜单和任务栏的设置。

（4）理解菜单的概念，掌握菜单的基本操作。

2. 实验内容

（1）Win 7的启动与退出。

① 启动Win 7。开机后在“登录到Windows”对话框中，输入用户名和密码，单击“确定”按钮或按【Enter】键。

② 关闭所有程序，执行“开始”菜单中的“关闭计算机”命令，单击“关闭”按钮退出Win 7。

在Windows系统中，当屏幕出现可以关机的提示时，才能关闭电源，切记不可直接关闭电源。如果没有正常关机，则在下次启动时，将自动执行磁盘扫描程序。

（2）认识Win 7桌面。

① 观察桌面的布局，认识和了解各个图标的简单功能。

② 在桌面上新建一个文件夹，重命名为“科技”，然后删除到回收站。

③ 任意拖动桌面上的一些图标改变其位置，然后重新“自动排列”桌面上的图标。

④ 在桌面空白处单击右键，选择“查看”命令，在展开的子菜单中依次选择一种图标显示方式：大图标、中等图标和小图标，观察桌面图标的变化。

可通过拖动鼠标来移动桌面上图标的位置，但有时不能将图标拖动到指定位置。此时，可以用鼠标右键单击桌面的空白处，在快捷菜单中单击“查看”→“自动排列图标”命令，然后再拖动图标即可。

（3）任务栏的自动隐藏与其他设置。

① 在任务栏空白处，单击右键，在弹出的快捷菜单中选择“属性”命令，弹出对话框，在其中进行设置。

② 观察任务栏的组成，拖动任务栏的位置到屏幕右侧，再恢复到原位。

③ 调整任务栏的大小。

任务栏中“通知区域”的图标隐藏与显示可以通过“任务栏和开始菜单属性”对话框中“通知区域”栏，单击“自定义”按钮，打开“通知区域图标”窗口进行设置。

（4）任务栏中“语言栏”图标的隐藏。

① 在“开始”菜单中选择“控制面板”，打开“控制面板”窗口，选择“查看方式”→“大图标”，单击“区域和语言”。

② 打开“区域和语言”对话框，选择“键盘和语言”选项卡，单击“更改键盘”按钮，打开“文本服务和输入语言”对话框。

③ 在该对话框中选择“语言栏”选项卡，在“语言栏”栏内选择“停靠于任务栏”选项，单击“应用”后，单击“确定”按钮，完成“语言栏”隐藏设置。

（5）设置“个性化”桌面，分别设置屏幕分辨率为“1024×768”像素，屏幕背景为“Aero主题”下的“中国”方案，屏幕保护为“三维文字”。

在桌面空白处单击右键，弹出快捷菜单选择“个性化”菜单，打开“个性化”窗口，单击“桌面背景”图标进行相应设置，单击“屏幕保护程序”图标进行设置，单击“显示”命令，再单击“更改显示器外观”命令，找到“分辨率”，单击“下拉列表”，调整滑块进行设置。

（6）更改鼠标指针设置。

在桌面空白处单击右键，弹出快捷菜单选择“个性化”菜单，打开“个性化”窗口，单击“更改鼠标指针”命令进行相应设置。

（7）“开始”菜单设置。

① 鼠标右键单击“开始”菜单，选择“属性”，弹出“任务栏和开始菜单属性”对话框，选择“开始菜单”选项卡，在“隐私”栏里，选择是否储存最近打开过的程序和项目，这两个功能默认为勾选，可以从 Win 7 开始菜单中看到最近使用过的程序和项目。如果不想显示，取消相关的勾选设置，如图 3-1 所示。

② 单击“自定义”按钮，弹出“自定义开始菜单”对话框，根据需要设置显示什么，不显示什么，显示的方式和数目等。例如，同时选择“计算机”与“控制面板”下的“显示为菜单”按钮，再单击“确定”按钮，如图 3-2 所示。

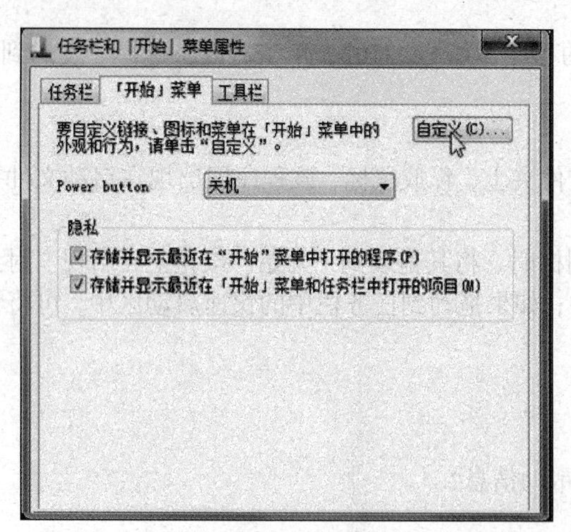

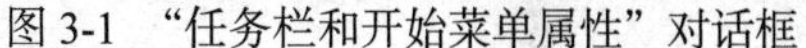
图 3-1 “任务栏和开始菜单属性”对话框

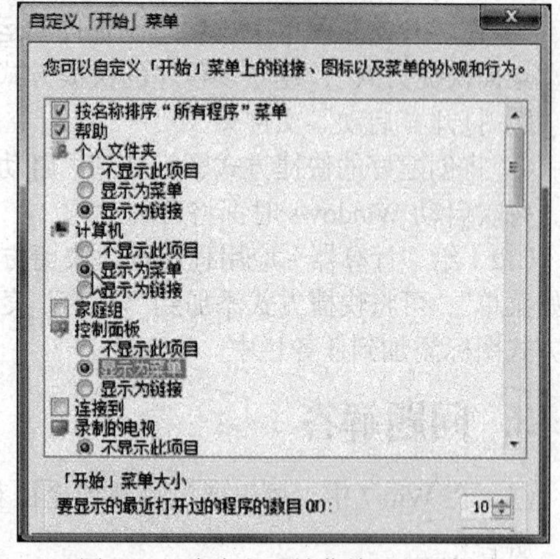

图 3-2 “自定义开始菜单”对话框

③ 再次单击“开始”菜单，看到“计算机”和“控制面板”都显示为菜单，不必再单独打开窗口来寻找需要的项目。

④ 再恢复初始设置，单击该对话框的“使用默认设置”按钮，可以还原为原始设置。

（8）窗口操作。

打开桌面上“计算机”和“回收站”窗口，观察 Win 7 的窗口组成，完成如下窗口的基本操作。

① 按住鼠标左键拖动“计算机”窗口标题栏，将其移动到桌面右下角。

② 将“计算机”窗口最大化，然后还原，最后再最小化为“任务栏”上“计算机”按钮。

③ 调整“回收站”窗口大小。鼠标指向“回收站”窗口四边或四角，当指针变为两端箭头时拖动。

④ 从“回收站”窗口切换到“计算机”窗口。

⑤ 执行任务栏的快捷菜单中相应命令，将这两个窗口依次执行“层叠窗口”“堆叠显示窗口”和“并排显示窗口”命令。

⑥ 最小化所有窗口，将鼠标放在最小化窗口上，观察其预览窗口。

⑦ 还原“计算机”窗口，用“滚动条”“滚动块”或“滚动箭头”进行“计算机”窗口内容的浏览。

⑧ 拖动“计算机”窗口，轻轻向桌面左侧或右侧一碰，窗口就会立刻在左侧（或右侧）半屏显示，再向反方向轻轻拖动，就会恢复原来大小；拖动“计算机”窗口，轻轻向桌面的顶部一碰，窗口就会最大化，再向反方向轻轻拖动，就会恢复原来大小。

⑨ 还原“回收站”窗口，拖住“计算机”窗口，轻轻一晃，“回收站”的窗口将最小化。

⑩ 分别用关闭按钮，【Alt+F4】组合键，文件菜单中的“关闭”命令关闭这两个窗口。

（9）对话框操作。

① 了解对话框的基本选项的格式和使用场合：命令按钮、微调按钮、单选按钮、复选按钮、普通列表框、下拉列表框、文本框、滑块。

② 掌握对话框的通用操作：移动对话框，选择“确定”“取消”“应用”“关闭”及“帮助”按钮。

对话框能移动，不能改变大小，边框为粗线；窗口能移动，能改变大小，边框为双细线。

（10）打开“写字板”，练习下拉菜单和控制菜单。

① 在“写字板”窗口，利用“查看”菜单显示/隐藏“标尺”和“状态栏”，观察窗口的变化。

② 单击写字板标题栏左角的图标，执行弹出的控制菜单中的某命令。

（11）设置自动运行程序。

① 在“开始”菜单中找到想设置自动运行的程序，如QQ2102，单击右键，选择“发送到”→“桌面快捷方式”，建立该程序的快捷方式。

② 打开“启动”文件夹。

③ 将创建好的快捷方式图标拖到“启动”文件夹上，释放鼠标，该程序即出现在启动文件夹中，每次启动Windows时都将自动运行。

（12）给“计算器”应用程序创建快捷方式图标时，将其拖动到“开始”按钮上，出现“附到开始菜单”，可将快捷方式添加到“开始”菜单中；如果拖动到任务栏中的快速启动区中，可将快捷方式图标添加到任务栏中。

3. 问题解答

（1）在Win 7中，可以通过哪几种途径获得帮助信息？

解答：

① 选择“开始”→“帮助和支持”命令。

② 按【F1】键获得帮助信息。

③ 单击对话框右上角的按钮。

（2）任务栏主要由哪几部分组成？

解答：任务栏位于桌面底部，从左至右主要由4部分组成。

① 开始按钮：这是运行Win 7应用程序的入口，控制着通往Win 7几乎所有部件的各条通路。

② 快速启动区：可以快速完成一些操作，不同的机器由于安装内容不同，该区显示的图标可能有所不同。

③ 空白区域：每运行一个应用程序就会在该区为其设立一个按钮，可以实现多任务的切换。

④ 通知区：显示了计算机目前正在进行的工作。

（3）在 Win 7 中包含哪四种菜单？

解答：

① 开始菜单：几乎包含了 Windows 中所需要的全部命令。

② 下拉菜单：Windows 应用程序的各种操作命令，都隐藏在菜单栏中。

③ 控制菜单：是窗口标题栏上左边的按钮，包含窗口的各种基本操作命令。

④ 快捷菜单：右键单击对象可以打开包含与对象操作相关的常用菜单命令的快捷菜单。

（4）如果退不出某个应用程序如何办？

解答：一般情况下，应用程序都有正常关闭或退出命令。但有些时候，当用户运行某一程序时，由于系统太忙，不能及时响应运行程序的命令，系统处于半死机状态，这时只能通过结束任务的方法来终止正在运行的程序。其操作步骤如下。

① 按下【Ctrl+Alt+Delete】组合键，单击“启动任务管理器”，打开“Windows 任务管理器”对话框。

② 选择“应用程序”选项卡，在该对话框列出的正在运行的程序中，选择（单击）程序任务名称。

③ 单击“结束任务”按钮，结束正在运行的该程序。

有时用“任务管理器”也不能终止应用程序，这时就只能重新启动了，但这样做会导致数据丢失。

4. 思考题

（1）如何更改桌面图标的大小？如何更改桌面图标？

（2）创建应用程序的快捷方式有几种方法？

（3）如何安装和删除中文输入法？任务栏上没有输入法指示器时如何启动它？

实验 4　Win 7 的其他操作

1. 实验目的

（1）掌握“Windows 资源管理器”的使用。

（2）掌握文件及文件夹的选定、新建、复制、移动、重命名等基本操作。

（3）掌握“回收站”的作用与基本操作。

（4）熟悉控制面板中系统声音和系统日期/时间等多个项目的查看与设置方法。

2. 实验内容

（1）熟悉“Windows 资源管理器”的使用。

① 单击“开始”菜单，选择“附件”→“Windows 资源管理器”，打开“Windows 资源管理器”窗口。

② 在“Windows 资源管理器”窗口中熟悉该窗口的构成，按下键盘【Alt】键，窗口出现菜单栏。

③ 单击“查看”按钮旁的“更多选项”按钮，弹出菜单，选择“大图标”方式查看文件与文件夹。

④ 单击该窗口的“组织”命令，在弹出的下一级菜单中选择“布局”，在弹出的菜单中单击“菜单栏”可以将菜单栏隐藏，还可以设置其他布局属性。

⑤ 在该窗口的右上角搜索框内，输入在当前磁盘或文件夹内要查找的文件，按回车键，开始搜索相关的文件与文件夹并将其罗列在内容窗格内。

（2）设置或取消下列文件夹的“查看”选项，并观察其中的区别。

① 显示所有的文件和文件夹。

② 隐藏受保护的操作系统文件。

③ 隐藏已知文件类型的扩展名。

④ 在标题栏显示显示完整路径等。

在“资源管理器”窗口，选择“工具”→“文件夹选项(O)…”菜单命令打开“文件夹选项”对话框，再选择“查看”选项卡，在“高级设置”栏实现各项设置。

（3）在资源管理器中进行文件与文件夹的操作。

① 在 D 盘上新建一个文件夹，命名为 MYPHOTO。

② 打开 MYPHOTO 文件夹，在其中新建一个子文件夹，名为 MYSUB。

③ 选择 MYPHOTO 文件夹，在其中新建一个文本文件，名为“myfile.txt”。

④ 将 myfile 文件移动至 MYSUB 子文件夹中。

⑤ 将 myfile.txt 文件重命名为 myren.txt。

右键单击“myfile.txt”文件名，在弹出的快捷菜单中选择“重命名”命令，输入“myren.txt”。

⑥ 选择 C 盘 Windows 文件夹中的最小的 4 个文件复制到 MYSUB 文件夹。

⑦ 将“myren.txt”文本文档的打开方式更改为“写字板”程序，并在桌面上创建快捷方式，然后更改其快捷方式的图标。

具体操作是：

• 在 myren.txt 文本文档上右击，弹出快捷菜单选择“打开方式”→“写字板”命令，将文件保存。再次在文件名上右键单击，弹出的菜单中选择“发送到”→“桌面快捷方式”，如图 4-1 所示。

• 右击桌面上该文件的快捷方式图标，选择“属性”命令，打开属性对话框，选择“快捷方式”选项卡，如图 4-2 所示，单击“更改图标”按钮，打开如图 4-3 所示的对话框，在该对话框中选择合适的图标后单击“确定”按钮。

图 4-1　创建桌面快捷方式

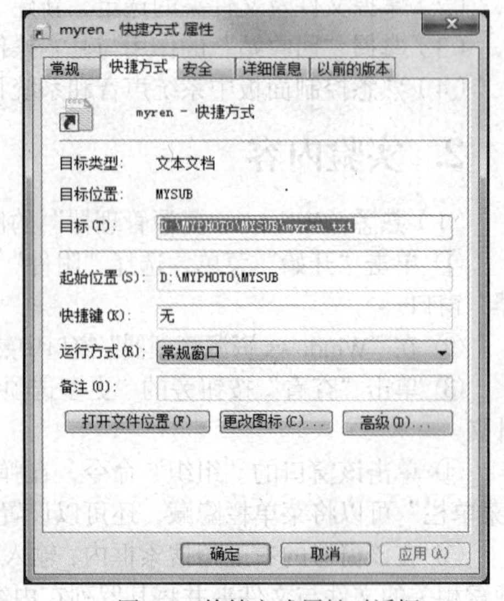

图 4-2　快捷方式属性对话框

⑧ 查看 myren.txt 文件属性，并修改为“只读”属性；

右键单击 myren.txt 弹出快捷菜单，选择“属性”命令，在属性对话框中选择“常规”选项卡，再选中“只读”复选框，单击“确定”按钮，如图 4-4 所示。

图 4-3　“更改图标”对话框

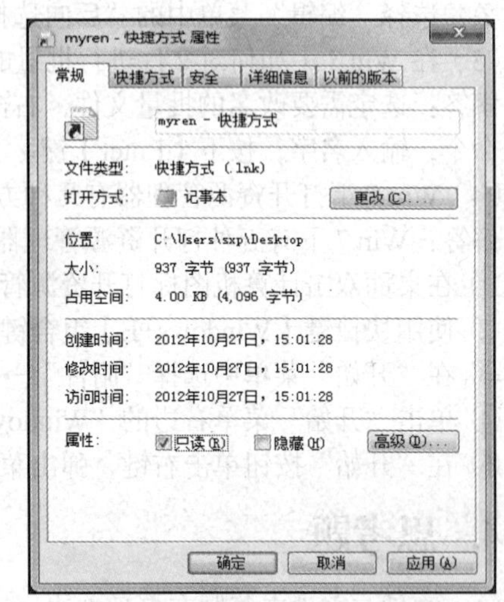

图 4-4　“只读”属性设置对话框

⑨ 将 myren.txt 文件用鼠标分别拖动到 E 盘、D 盘符根目录下，观察这两次拖动有什么不同。

如果想要把一个对象复制到同一分区，则应在拖动文件或文件夹的同时按住【Ctrl】键；如果想要把一个对象移动到另一分区，则应在拖动文件或文件夹的同时按住【Shift】键。

（4）修改系统的日期和时间。

单击任务栏通知区中的“时钟”，在显示的窗格中单击“更改日期和时间设置”（或直接双击“控制面板”窗口的“日期和时间”图标），打开“日期和时间”对话框，在该对话框单击“更改日期和时间按钮”，在弹出的“日期和时间设置”对话框中修改时间与日期。

（5）回收站的使用。

① 将 MYSUB 中的一个文件删除。

② 观察桌面回收站图标的变化。

③ 恢复回收站中删除的此文件。

④ 删除 MYSUB 文件夹，并清空回收站。

3. 问题解答

（1）在 Win 7 中，移动文件和文件夹的方法有哪些？

解答：有 3 种常用的方法可以实现文件和文件夹的移动操作。

① 使用快捷菜单。

- 选定要移动的对象，用鼠标右键单击，弹出快捷菜单。
- 在快捷菜单中，单击“剪切”按钮。
- 找到并打开目标盘或目标文件夹的窗口，用鼠标右键单击该窗口的空白处，弹出快捷菜单，在快捷菜单中，单击“粘贴”按钮，移动就完成了。

② 使用鼠标拖动。

- 选中要移动的所有文件和文件夹，然后按住鼠标左键不放将其拖动到目标文件上释放鼠标左键即可实现文件和文件夹的移动。

③ 使用快捷键。

- 选定要移动的对象，按下【Ctrl+X】组合键实现剪切。

- 找到并打开目标盘或目标文件夹的窗口，按下【Ctrl+V】组合键实现粘贴。

（2）如何在“Windows资源管理器”中反向选择对象？

解答：打开“资源管理器”窗口，按下【Alt】键，显示出菜单栏。在窗口中选定若干个不选的对象，选择“编辑”菜单中的“反向选择”命令，则所有不选对象以外的目标便都被选定了。

（3）在Win 7中如何对文件进行批量的重命名？

解答：选定需要改名的批量文件，右击其中的第一个文件，在弹出的快捷菜单中选择“重命名”命令，输入名字，按下【Enter】键。

（4）Win 7下打开资源管理器有几种方法？

解答：Win 7下有五种打开资源管理器的方法。

① 在桌面双击计算机图标打开资源管理器；

② 使用快捷键【Windows+E】组合键；

③ 在“开始”菜单中选择“附件”→“Windows资源管理器”；

④ 单击“开始”菜单右边的“Windows资源管理器”图标；

⑤ 在“开始”按钮单击右键，弹出菜单中单击“打开 Windows 资源管理器”命令。

4. 思考题

（1）文件与文件夹复制有多种方法，请列举其中的几种。

（2）如果误删了闪盘上的文件或文件夹，是否也能恢复？为什么？

（3）回收站如何独立配置驱动器？

（4）如何将要删除文件彻底删除，而不经过回收站？

（5）如何取消屏幕保护的密码？

实验5 上网操作

1. 实验目的

（1）熟练掌握设置IE浏览器的方法。

（2）掌握使用IE浏览网页，保存网页和页面上图片的方法。

（3）掌握收藏夹的使用方法。

（4）掌握电子邮件的收发。

（5）学会MSN Messenger的配置和使用。

2. 实验内容

（1）设置IE浏览器。

① 至少使用两种方法打开“Internet属性”对话框。

用右键单击桌面上的“Internet Explorer”图标，单击“属性”命令，或在IE浏览器窗口选择“工具”菜单的“Internet选项”命令，打开该对话框。

② 设置常规选项：设置主页为http://www.edu.cn/（中国教育和科研计算机网主页）；单击“删除Internet临时文件”按钮；设置“保存历史记录天数”为10天。

③ 设置内容选项，为不同站点设定不同的访问权限。

④ 设置高级选项：禁止调试脚本，启用个性化收藏夹菜单，关闭浏览器时清空Internet临时文件夹，不显示每个脚本错误的通知，在地址栏中显示“转到”按钮，在桌面上显示Internet Explorer图标。

（2）使用 IE 浏览网页。

① 至少使用 3 种方法建立与 Internet 的连接。

② 观察 IE 浏览器界面，注意它由哪几部分组成。

③ 在地址栏中输入 http://www.moe.edu.cn/（中华人民共和国教育部网站主页）后按回车键。

④ 将此主页添加到“链接栏”中，改变“链接栏”的链接次序。

⑤ 单击某超级链接，观察地址栏的变化。

⑥ 单击标准工具栏上的“前进”按钮 和“后退”按钮 ，在访问过的页面之间跳转。

⑦ 中断与 Internet 的连接，使用脱机浏览方式浏览网页。

⑧ 查看历史记录，单击列表中的网址可以访问该网页。

（3）搜索网页。

① 选择“文件”菜单的“新建”子菜单中的“窗口”命令，在新窗口的地址栏中输入 http://www.google.com.hk/，打开 Google 搜索引擎。

② 单击“搜索建议”链接，学习 Google 搜索方法。

③ 在“搜索”栏中输入查找内容，如“大学生在线”，在搜索结果中选择“教育部大学生在线”的官方网站进行浏览。

④ 从地址栏中搜索“大学生在线”的内容，在搜索结果中选择“教育部大学生在线”的官方网站进行浏览。

⑤ 使用工具栏中的“搜索”按钮搜索“大学生在线”的内容，在搜索结果中选择“教育部大学生在线”的官方网站进行浏览。

⑥ 观察使用上述 3 种方式的异同。

（4）保存 Web 信息。

① 保存网页。将“中华人民共和国教育部网站”主页保存到“我的文档”中，文件名为“中华人民共和国”，保存类型为“Web 页，全部（*.htm;*.html）”，编码为“简体中文（GB2312）”。

② 保存图片。选择一幅图片，保存到“D:\”中，文件名为“我的图片”，保存类型为“GIF（*.GIF）”，并将该图片作为桌面墙纸。

注意保存类型的区别，练习多种保存方式。

③ 打印“中华人民共和国教育部网站”主页。

（5）管理收藏夹。

① 将“教育部大学生在线”的官方网站添加到收藏夹，并在收藏夹中将它打开。

② 整理收藏夹。在收藏夹中创建一个新文件夹“大学生”，将“教育部大学生在线”移至该文件夹。对“教育部大学生在线”文件重命名为“大学生在线”，观察“收藏夹”的文件变化情况。然后删除“大学生”文件夹，再观察“收藏夹”中的文件变化情况。

（6）申请免费邮箱。

① 在网易（http://www.163.com）上申请一个免费的电子邮箱。

② 进入该电子邮箱，写一封邮件，并发送出去。

③ 以附件的形式发送电子邮件。

④ 进入邮箱“设置”，对邮箱进行“文件夹管理”“自动回复”等设置。

在邮箱上方选择“设置”→“邮箱设置”，进入图 5-1 所示的界面。在该界面中，可以进行“常规设置”“文件夹管理”“标签管理”“自动回复”“自动转发”“来信分类”等常用设置。

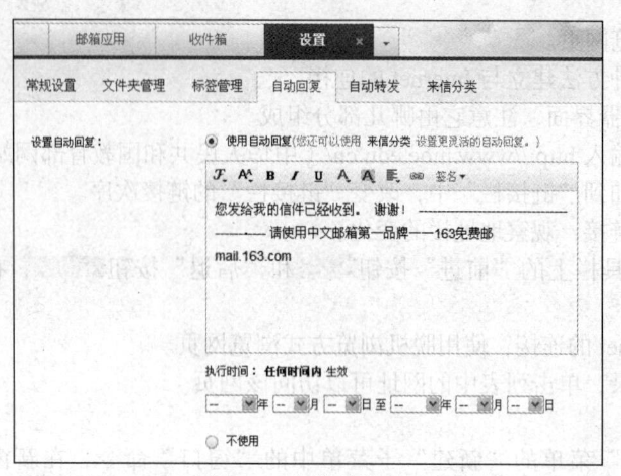

图 5-1 邮箱的设置

⑤ 深刻理解电子邮件的两个主要协议 SMTP 和 POP3。

POP3 是 Post Office Protocol 3 的简称，即邮局协议的第 3 个版本，它规定怎样将个人计算机连接到 Internet 的邮件服务器和下载电子邮件的电子协议。

SMTP 的全称是“Simple Mail Transfer Protocol”，即简单邮件传输协议。它是一组用于从源地址到目的地址传输邮件的规范，通过它来控制邮件的中转方式，它帮助每台计算机在发送或中转信件时找到下一个目的地。SMTP 认证就是要求必须在提供了账户名和密码之后才可以登录 SMTP 服务器，使得垃圾邮件的散播者无可乘之机。

（7）MSN Messenger 的配置和使用。

① 登录 MSN Messenger。

利用任务栏上的图标启动 MSN Messenger；也可利用电子邮箱获得 MSN Messenger 账户或使用已有的 hotmail 的电子邮箱登录 MSN Messenger。

② 对 MSN Messenger 进行基本设置。

执行“工具”菜单下的“选项”命令，打开“选项”对话框，在对话框右侧的选项框中进行以下操作。

- 我的显示名称、我的显示图片以及我的状态等“个人信息”设置。
- 登录、显示联系人等“常规”设置，常规消息设置、脱机移动消息设置等“消息”设置。
- 联系人登录、收到即时消息、收到电子邮件时等“通知和声音”设置。
- 文件传输保存位置等设置。

③ 用 MSN Messenger 与联系人进行文字聊天。

在输入文字的“消息框”上方，单击“字体”按钮，对消息的字体进行修改；单击“笑脸”按钮，可打开“图释”面板发送图释等。

④ 联系人的管理。

当 MSN Messenger 中联系人逐渐多起来时，便需要进行管理，如按类型（同事、家人、朋友等）进行分组，也可执行查看联系人档案、删除联系人等操作。

单击“联系人”菜单，选择“管理组”命令。

- 在“管理组”子菜单中，选择“创建新组”命令。MSN Messenger 中即出现 1 个“新组”。对这个组进行重命名，如“同学”。
- 将联系人按照各自的类别进行分类：将联系人的头像，拖曳至该组中即可。
- 单击“联系人”菜单，选择“对联系人进行排序”，再选择按“组”的方式进行排序，就可以按同事、家人、朋友等组别对联系人进行分类显示。

在好友头像上单击右键，可以根据右键菜单上的内容对单个好友进行管理，如将联系人移动至某组，阻止联系人，查看联系人的卡片，查看档案文件等操作，如图 5-2 所示。

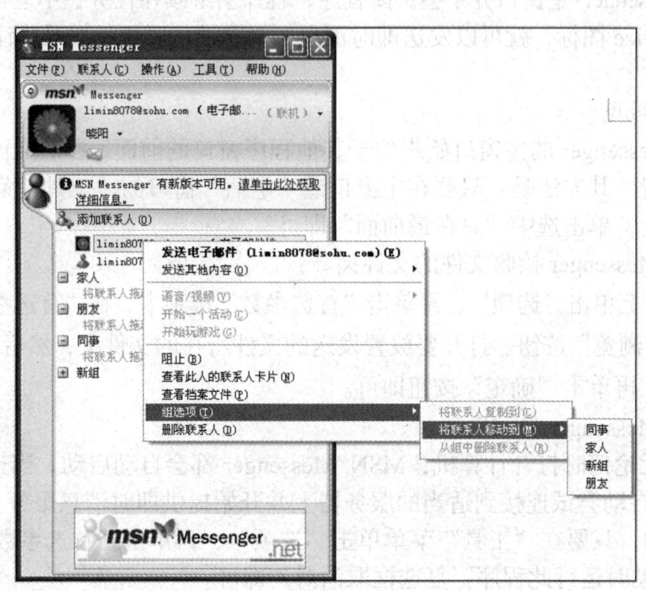

图 5-2　“组选项”选项

删除联系人：可以将该联系人从自己的好友名单中删除。

阻止：在主窗口中用鼠标右键单击要阻止的人的名称，选择快捷菜单中的“阻止”命令，在该联系人的名单中，即使您在线，也显示为“脱机”状态。

取消阻止：在被阻止的好友头像上单击鼠标右键，在菜单中选择“取消阻止”命令。

3. 问题解答

（1）如何理解 Internet 的工作方式和工作原理？

解答：

① 工作方式：采用客户机/服务器方式访问 Web 资源，提供 Web 资源的计算机叫做服务器，使用资源的计算机叫做客户机。

② 工作原理：使用 Internet 时，先启动客户机，通过有关命令告知服务器进行连接来完成某种操作，而服务器则按照该请求提供相应的服务。Internet 的工作原理如图 5-3 所示。

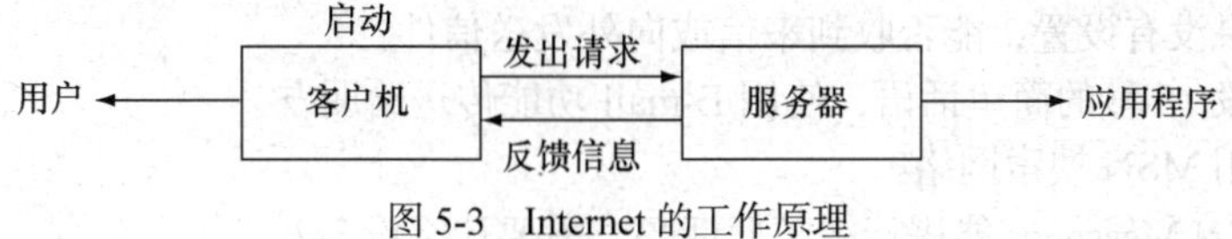

图 5-3　Internet 的工作原理

（2）如何将自己喜爱的网站添加到收藏夹中？

解答：打开该网站，选择“收藏”菜单的“添加到收藏夹”命令，在打开的对话框中单击“创建到”按钮，选择复选框“允许脱机使用”，输入名称和添加地址，单击“确定”按钮，就把页面保存在收藏夹中了。

（3）在发送邮件时，如何同时发给多个人？

解答：在“抄送栏”中输入这些人的E-mail地址，并用逗号分隔。

（4）MSN Messenger的配置与技巧有哪些？

解答：

① 不打开主窗口的情况下使用 MSN Messenger。

关闭 MSN Messenger 主窗口并不会关闭程序，程序会继续在任务栏中运行。单击任务栏上的MSN Messenger Service图标，就可以发送即时消息、查看谁已联机、登录或注销、更改状态或退出程序。

② 使窗口始终可见。

可以使MSN Messenger的主窗口始终位于其他程序窗口的前面，在对话窗口和“电话”窗口也可进行同样的设置。其方法是：只要在主窗口或“电话”窗口的“工具”菜单上或者在对话窗口的“查看”菜单上，单击选中“总在最前面”即可。

③ 更改MSN Messenger接收文件的文件夹。

在“工具”菜单上单击“选项”，再单击“首选参数”选项卡，在“首选参数”选项卡的“文件传输”下，单击“浏览”按钮。打开要放置发送的文件所在的文件夹，然后单击“确定”按钮，回到上一个对话框，再单击“确定”按钮即可。

④ 阻止MSN Messenger自动启动。

默认状态下，无论何时打开计算机，MSN Messenger 都会自动启动。当连接到Internet时，MSN Messenger 将自动尝试连接到适当的服务器上并开始提供即时消息服务。如果要阻止 MSN Messenger 自动启动，只要在“工具”菜单单击“选项”，再单击“首选参数”选项卡，然后单击“在Windows启动时运行此程序”复选框取消对勾即可。

⑤ 保存即时消息。

由于MSN Messenger是不保留聊天记录的，只要关闭了即时消息窗口，窗口中的所有文字记录都将烟消云散，永无踪迹。如果要保存即时消息，可以在即时消息窗口中单击“文件”菜单，然后单击“另存为”，转到保存该文本的文件夹，输入文件名，然后单击“保存”按钮就将聊天记录保存为一个文本文件。

⑥ 使用阻止功能。

如果参与的即时消息对话来自于想阻止的人，在即时对话窗口单击“阻止”按钮就可以了，也可以在主窗口中用鼠标右键单击要阻止的人的名称，然后在菜单中选择“阻止”命令。要想取消阻止，只要在“联系人名单”中，用鼠标右键单击要取消阻止的人的名称，然后选择“取消阻止”命令即可。

4. 思考题

（1）试述“收藏夹”功能的优缺点，如何规划“收藏夹”里的文件夹结构布置？

（2）在Internet上用户如何查找自己所需的信息？

（3）邮箱如果没有设置，能否收到来信或向外发送信件？

（4）录制一段15秒的简单话语，使用E-mail功能传送给朋友。

（5）如何使用MSN搜索网络？

（6）使用MSN Messnger能进行视频通话吗？需要什么设备？

（7）试着将一张贺卡发给朋友。

实验 6　杀毒软件的安装和使用

1. 实验目的

（1）认识计算机病毒特征。
（2）了解计算机病毒传播途径。
（3）掌握一种杀毒软件的安装及使用方法。

2. 实验内容

（1）认识计算机病毒特征及传播途径。

打开 IE 浏览器，输入一些常用的杀毒软件的网址，如 http://www.duba.net，http://www.jiangmin.com 等，认识流行的计算机病毒及其特征。

（2）安装杀毒软件（以 360 杀毒软件为例）。

第一步：首先通过 360 杀毒软件官方网站 http://sd.360.cn/下载最新版本的 360 杀毒软件安装程序。

第二步：双击运行下载好的安装包，弹出 360 杀毒软件安装向导，如图 6-1 所示。在这一步可以选择安装路径，建议按照默认设置即可。

第三步：单击“下一步”按钮，进入安装界面，如图 6-2 所示。

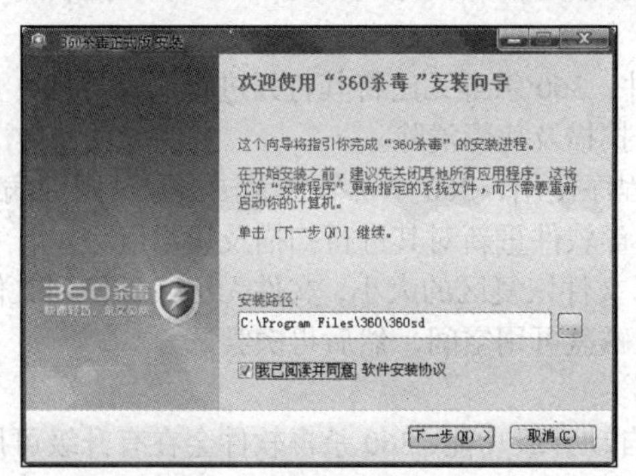

图 6-1　360 安装向导

图 6-2　安装 360

第四步：如果电脑中没有 360 安全卫士，会弹出推荐安装卫士的弹窗，如图 6-3 所示。同时安装 360 安全卫士可以获得更全面的保护。

第五步：安装完成之后可以看到如图 6-4 所示的界面。

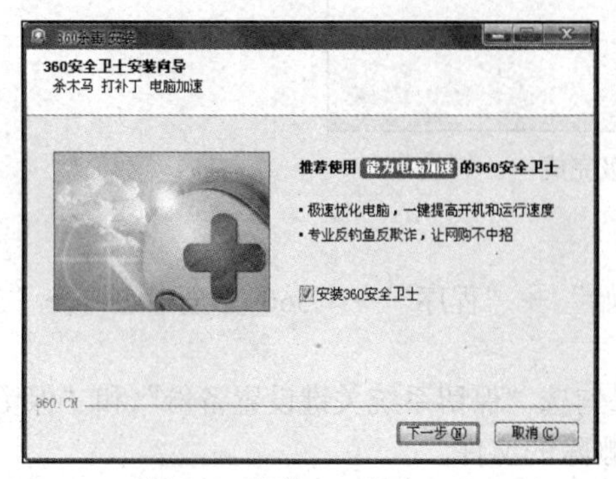

图 6-3　安装 360 安全卫士

图 6-4　安装完成

（3）360 杀毒软件的使用。

360 杀毒软件提供了 4 种病毒扫描方式，新增“电脑门诊”功能。

- 快速扫描：扫描 Windows 系统目录及 Program Files 目录。
- 全盘扫描：扫描所有磁盘。
- 指定扫描：扫描指定的目录。
- 右键扫描：在文件或文件夹上单击鼠标右键时，可以选择“使用 360 杀毒扫描”对选中文件或文件夹进行扫描。
- 电脑门诊：帮助解决电脑上经常遇到的问题。

① 用快速扫描方式对电脑进行查杀病毒。

② 用指定扫描方式对 C 盘进行查杀病毒。

（4）对病毒进行处理。

360 杀毒软件扫描到病毒后，会首先尝试清除文件所感染的病毒，如果无法清除，则会提示删除感染病毒的文件。木马和间谍软件由于并不采用感染其他文件的形式，而其自身即为恶意软件，因此会被直接删除。

在处理过程中，由于不同的情况，会有些感染文件无法被处理，可参见下面的说明采用其他方法处理这些文件。

清除失败（压缩文件）：使用针对该类型压缩文档的相关软件将压缩文档解压到一个目录下，然后使用 360 杀毒软件对该目录下的文件进行扫描及病毒清除，完成后使用相关软件重新压缩成一个压缩文档。

清除失败（密码保护）：对于有密码保护的文件，360 杀毒无法将其打开进行病毒清理，要先去除文件的保护密码，然后使用 360 杀毒软件进行扫描及病毒清除。

清除失败（正被使用）：文件正在被其他应用程序使用，360 杀毒软件无法清除其中的病毒，要先退出使用该文件的应用程序，然后使用 360 杀毒软件重新对其进行扫描及病毒清除。

备份失败（文件太大）：由于文件太大，超出了文件恢复区的大小，文件无法被备份到文件恢复区，要先删除系统盘上的无用程序和数据，增加磁盘可用空间，然后再次尝试。

（5）360 杀毒软件的升级。

360 杀毒软件具有自动升级功能，如果开启了自动升级功能，360 杀毒软件会在有升级可用时自动下载并安装升级文件。自动升级完成后会通过气泡窗口进行提示，如图 6-5 所示。

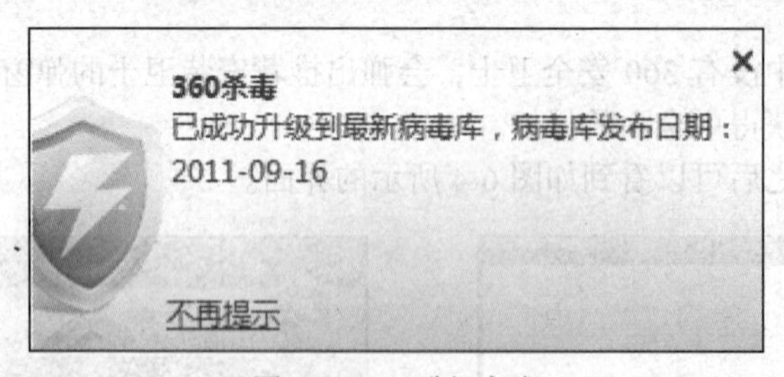

图 6-5　360 升级完成

（6）卸载 360 杀毒软件。

第一步：从 Windows 的开始菜单中，单击“开始”→“程序”→“360 安全中心”→“360 杀毒”，单击“卸载 360 杀毒”菜单项。

第二步：在弹出的“卸载确认”对话框中，如果勾选“保留系统关键设置备份”和“保留隔离的隔离文件”，可以在重装 360 杀毒软件后恢复被删除的文件。

第三步：卸载完成，提示重启系统。

3. 问题解答

（1）使用杀毒软件前，需要备份带病毒的数据文件吗？

解答：对重要的文件应该先备份，再杀毒。

（2）杀毒完毕后，重启计算机后发现仍有病毒，怎么回事？

解答：如果是局域网中的计算机，不排除网络传播的可能性。另外，使用杀毒软件杀毒前，请先关闭其他应用程序，以免交叉感染。

（3）U 盘隐藏病毒如何处理？

解答：病毒（如木马）将 U 盘或移动硬盘中的正常文件或文件夹隐藏，然后将自己改名为和被隐藏的文件/文件夹同名，并隐藏自己的文件扩展名。同时，病毒会将自己的图标改为文件夹图标或常见软件图标（如图片、视频等）。用户如未察觉，双击了病毒文件后，病毒程序即会被执行并感染计算机。

处理该病毒时，在 Windows 资源管理器中，选择“工具→文件夹选项→查看”，在对话框中选中“显示隐藏的文件和文件夹”，并清除“隐藏已知文件类型的扩展名”，就可看到移动硬盘或 U 盘中的所有文件，删除那些和自己的文件同名的程序文件即可（其文件扩展名一般为 EXE、COM、BAT 等）。

4. 思考题

（1）目前流行的杀毒软件有哪些？

（2）对计算机病毒主要有哪些预防措施？

实验 7　认识多媒体文件

1. 实验目的

（1）了解什么是多媒体。

（2）掌握哪些文件属于多媒体文件。

（3）了解常见多媒体文件的特点。

2. 实验内容

（1）在计算机上查找多媒体文件。

根据扩展名在计算机中搜索相关文件并浏览，查看属性后填写表 7-1 和表 7-2 并回答问题。

表 7-1　音频文件的比较

扩展名	文件名	播放时间	文件大小
wav			
wav			
mid			
mid			

问题：wav 文件和 mid 文件相比，播放时间和文件大小有何区别？为什么？

表 7-2　　图像文件的比较

扩展名	文件名	图像大小	文件大小
bmp			
bmp			
jpg			
jpg			
wmf			
wmf			

问题：wmf 文件、bmp 文件和 jpg 文件相比，图像大小和文件大小有何区别？为什么？

（2）使用搜索引擎搜索并下载音乐素材。

① 使用搜索引擎搜索并下载“梁祝小提琴协奏曲”的 MP3、WMA、RM、MID 格式文件。

② 使用正确的播放软件播放对应音频文件，比较下载的文件的音质及大小，填写表 7-3。

表 7-3　　不同格式音频文件的比较

扩展名	播放软件	音质	文件大小
mp3			
wma			
rm			
mid			

（3）不同格式位图的比较。

① 单击“开始”→“程序”→“附件”→“画图”，打开一幅已经存在的图像，例如“Winter.jpg”。

② 将图像“另存为”不同颜色深度的 bmp 格式位图，观察图像质量，获取相关信息填写表 7-4 并回答问题。

表 7-4　　不同格式位图的比较

扩展名	分辨率	颜色深度	数据量
jpg	800 像素 × 600 像素	24 位	
bmp	800 像素 × 600 像素	24 位	
bmp	800 像素 × 600 像素	256 色	
bmp	800 像素 × 600 像素	16 色	
bmp	800 像素 × 600 像素	单色	

问题：bmp 格式图像分辨率、颜色深度和数据量、图像质量之间有何关系？

（4）通过 Web 查阅相关资料，填充表 7-5 并得出结论。

表 7-5　　图形与图像的比较

	图形	图像
表示方法		
存储空间		
显示速度		
逼真程度		
是否易失真		
用途		

3. 问题解答

（1）在搜索多媒体文件时，“要搜索的文件或文件夹名为”文本框中可输入哪些文件名？

解答：在计算机上进行多媒体的搜索时，搜索到的是一类型的多媒体信息，因而要输入的是文件名为“*”代表的通配符，扩展名为一类型文件的扩展名，例如：常见的有 docx、txt、rtf、wps 等为文本文件的扩展名；wav、mid、mp3、wma 等为声音文件的扩展名；wmf、ai 等为图形文件的扩展名；bmp、jpg、gif、tif 等为图像文件的扩展名；swf、fla、avi 等为动画文件的扩展名。如果有些类型的文件在计算机上没有，将搜索不到。

（2）矢量图与点位图能否互相转换？如何转换？

解答：矢量图和点位图在理论上可以相互转换。由矢量图转换成点位图采用光栅化技术，比较容易实现；由点位图转换成矢量图用跟踪技术，实现比较困难。

（3）声卡对声音的处理质量用哪些基本参数来衡量？

解答：声卡对声音的处理质量可以用 3 个基本参数来衡量，即采样频率、采样位数和声道数。

（4）声卡常用采样频率有哪些？

解答：声卡一般提供 11.025 kHz、22.05 kHz 和 44.1 kHz 这 3 种不同的采样频率。

4. 思考题

（1）目前流行的音频格式有哪些？它们遵循什么压缩标准？

（2）常用的图像存储格式有哪些？各有何特点？

（3）MIDI 音频文件有何特点？

实验 8　常用工具软件的使用

1. 实验目的

（1）学会综合运用多种工具软件制作多媒体电子相册。

（2）熟悉常用相关工具软件的使用。

2. 实验内容

（1）使用“录音机”程序录制一段解说词。

① 正确连接麦克风。

② 在 Windows“附件”组中启动“录音机”，如图 8-1 所示。

③ 按下“开始录制”按钮，开始录音。

④ 按“停止录制”按钮，结束录音。

⑤ 在“另存为”对话框中，输入文件名“解说词”，然后按“确定”按钮。

图 8-1 “录音机”界面

（2）使用“有道词典”或其他翻译工具将上面的“解说词”翻译成英文后，再重复上述步骤录制下来。

（3）使用“光影魔术手”等图像处理软件对自己照片进行处理，将处理后的照片整理到文件夹中。

（4）使用“WindowsLive 影音制作”。

① 导入素材。

启动“Windows Live 影音制作”，单击“开始”选项卡中的“添加视频和照片”按钮，弹出“添加视频和照片”对话框，找到用来制作相册的图片所在的文件夹，按下键盘上的【Ctrl】键，用鼠标选中多张需要的图片，单击“导入”按钮，把图片素材导入“Windows Live 影音制作”，被导入的图片素材会在窗口右侧的工作区中一一列出，如图 8-2 所示。按播放顺序用鼠标拖动照片调整顺序。

图 8-2 “导入”照片

单击“添加音乐”按钮，打开“导入文件”对话框，导入一首自己喜欢的音乐或上述内容（1）和（2）中录制的中英文解说词作为相册的背景音乐或声音。

② 添加特效。

在“Windows Live 影音制作”中，相册的特效包括视觉效果和过渡效果。单击“视觉效果”选项卡，在“视觉效果”列表中会列出系统提供多种视觉效果，把鼠标放在其中任意一种效果上面在预览监视器中就可以看到实效，要为图片添加视觉效果，只要按实际需要单击一种效果即可。如果要添加图片和图片之间的过渡效果，可以单击“动画”选项卡，在“动画”列表中选中一种效果并单击即可。如图 8-3 所示。

图 8-3 添加特效

③ 编辑片头片尾。

为相册加上片头和片尾，可以让电子相册显得更专业。在“开始”选项卡中单击“片头”按钮，在文本框中输入片头文字，也可以选择字幕的动画效果以及片头的颜色。如果需要为相册制作一个片尾，方法和制作片头一样，只要依样画葫芦就行了。

④ 保存相册。

单击窗口左上角的“影音制作”按钮，选择“保存电影”命令，选择合适的电影保存到计算机中，设置后打开“保存电影”对话框，为相册取个文件名，设置好文件的保存位置，单击“保存”按钮后自动开始保存文件，并显示保存进度条，完毕后自动启动 Windows Live 开始播放。

（5）压缩与解压缩。

① 压缩文档。

将上例中制作的电子相册与使用的声音、照片素材一起放到文件夹“作品”中，在文件夹上单击右键，弹出快捷菜单，如图 8-4 所示，选择“添加到作品.rar”,在同一目录下产生一个“作品.rar”文件，如图 8-5 所示。

② 解压缩文档。

在压缩文档“作品.rar”上单击右键，弹出快捷菜单，如图 8-6 所示，单击“解压到当前文件夹”，文件被解压在当前目录下。

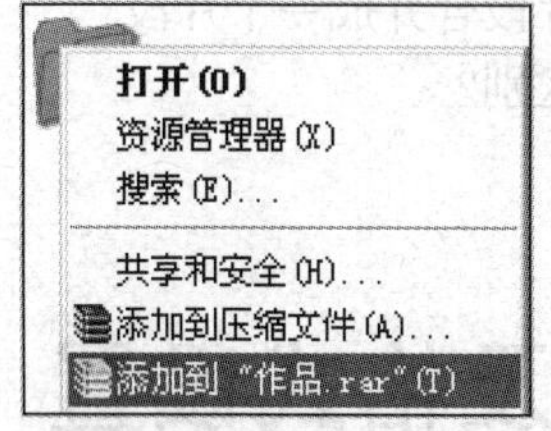

图 8-4 快捷菜单

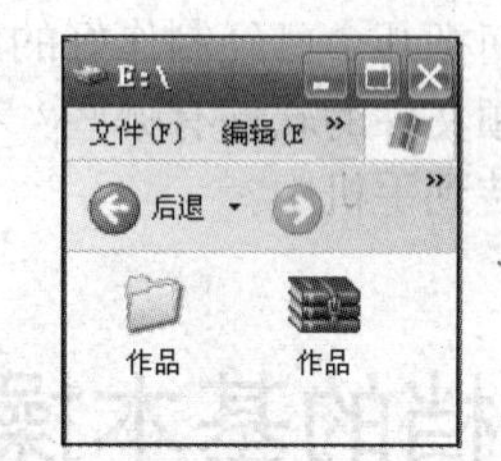

图 8-5 “作品”压缩后的文件

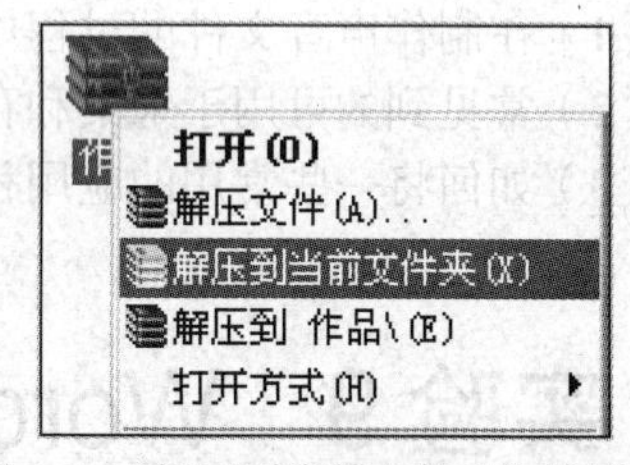

图 8-6 “解压到当前文件夹”快捷菜单

（6）使用“格式工厂”将上述实验中制作的电子相册转换为 MP4、3GP 或其他能被手机所支持的格式，传送到手机中播放。

（7）PDF 文档。

使用一种工具软件将一篇普通的 Word 文档转换为 PDF 格式的文档，并用阅读工具“Foxit Reader”将该文档打开进行阅读，利用其中的工具对重点内容进行标注等操作。

3. 问题解答

（1）图像采集的方法有哪些？

解答：主要有以下几种方法。

① 通过扫描仪。

② 通过数码相机。

③ 通过摄像机捕捉图像。利用视频卡将摄像机等视频源的信号实现单帧捕捉，并保存为数字图像文件。

④ 绘图软件。

⑤ 购买图像光盘或网上下载。

（2）简述 ACDSee 浏览图片的步骤？

解答：用 ACDSee 浏览图片，只要双击该图片即可，在浏览图片时，常用以下一些基本操作。

① 以关联方式快速打开图像文件。

② 放大与缩小。

③ 向前与向后查看图片。

④ 全屏显示。

⑤ 幻灯片显示。

⑥ 设置墙纸。

⑦ 调用外部程序。

（3）列举 WinRAR 的特点？

解答：①提供全图形界面，全按钮工具条，使用户操作更加方便、快捷、灵活。

② WinRAR 适合所有层次的用户，它同时提供了两种操作模式：向导模式适用于新用户，传统模式适用于高级用户，两种模式可随时切换。

③ 全面支持 Windows 的对象 Drag and Drop（拖放）技术，可以使用鼠标将压缩文件拖曳到 WinRAR 程序窗口，即可快速打开该压缩包。

④ 支持 Windows 的鼠标右键菜单，为用户的压缩/解压缩操作带来了极大的方便。

⑤ 支持 RAR、TAR、GZIP 文件，全面支持 ARJ、ARC、LZH 文件。

⑥ 安装 WinRAR 非常简单，下载文件后，执行安装文件，一直单击“确认”按钮就可以了。

⑦ 其最吸引人之处——几乎是免费的，其试用版保持了功能的完整。

4. 思考题

（1）在制作声音文件的过程中，如何把几个已经制作好的声音片段合并成一个片段？

（2）常见到的可用于采集和存储视频文件的软件有哪些？有何区别？

（3）如何将一些常用的应用程序安装到手机中？

实验 9 Word 文档的基本操作及格式设置

1. 实验目的

（1）了解 Office 2010 各组件的功能。

（2）熟悉常用的 Office 2010 应用程序的界面。

（3）掌握常用 Office 2010 文档的基本操作。

（4）掌握常用 Office 2010 文档的格式设置方法。

（5）掌握 Office 2010 文档的基本页面设置。

（6）学会使用 Office 助手及帮助目录和索引。

2. 实验内容

（1）Office 2010 的启动。

单击“开始”菜单，选择“程序”中的“Microsoft Office 2010”，选择级联菜单中任意几个组件，启动 Office 2010。

（2）认识 Office 2010 界面的主要组成元素。

① 观察 Office 2010 各个组件的程序界面组成的异同。

② 掌握标题栏的构成，熟悉控制菜单按钮。

③ 认识菜单栏、工具栏、状态栏及其功能。

（3）创建文档。

在 D 盘上分别创建名字均为“体验”的 Word 文档、Excel 文档和 PowerPoint 文档，并注意观察各文档图标的特征。

最简单的方法是打开D盘，然后右键单击鼠标，在弹出的快捷菜单中用“新建”命令进行操作。最常用的方法是启动相关的应用程序，在任务窗格选择相应命令。

（4）保存文档。

① 打开创建好的“体验”Word文档，在其中输入下列文字。

Microsoft Office 2010中文版是一个优秀的办公套装软件，适用于办公过程中的文字处理、表格应用与计算、会议演讲、常用数据库管理以及Internet信息交流等多项日常办公工作。因此中文Office 2010是一个名符其实的“办公助手”。

② 选择“文件”菜单下的“保存”命令保存对文档的修改。

保存文档还可以单击工具栏上的“保存”按钮。

③ 在保存过的“体验”文档中再添加下列文字。

虽然Visio 2010和Project 2010不是Office 2010组件中的成员，但也是非常实用的两项微软工具。

选择“文件”菜单的“另存为”命令，在弹出的“另存为”对话框中“保存位置”选择E盘，“文件名”为：“我的实验”，单击“保存”按钮，将修改后的文档以新文件名另存到指定位置。

④ 关闭各个程序窗口。

（5）打开最近使用过的Word文档。

启动Word 2010程序，利用“文件”菜单中“打开”命令打开文档时，在“打开”对话框的工具栏上单击“视图”右边的下拉箭头，选择“预览”，可以在预览窗口看到文档开始部分的内容。

（6）认识菜单栏、工具栏、状态栏。

① 在刚才打开的“体验”Word文档窗口菜单栏上，逐级移动鼠标查看各个菜单项及其下属的各个级联菜单项。

② 观察工具栏中各按钮的外观，了解其功能。

③ 观察状态栏中所显示的文档信息。

④ 再打开Office 2010的一个组件——Excel 2010的窗口，同样观察其菜单栏、工具栏按钮和状态栏，体会与Word 2010窗口的异同。

（7）按照不同的视图方式查看Word文档。

在Word文档“体验”中，分别选择“视图”菜单下的“普通”“Web版式”“页面”“阅读版式”“大纲”“文档结构图”“导航窗格”“显示比例”等命令浏览文档。

（8）使用“剪贴板”。

① 打开E盘中的名为“我的实验”的文档，全部选中其中的文本，在“开始”菜单中单击“剪切”。

② 切换到Word文档“体验”，并将光标定位在末尾。

③ 在“开始”菜单中打开剪贴板，看到被剪切下来的文本，在剪贴板中单击该文本，实现文本的移动。

（9）使用Office助手及帮助目录和索引。

打开Word文档“体验”，利用“文件”菜单中的“帮助”下的“Microsoft Word帮助”命令查询“Word使用的排序规则”。

（10）字符格式设置。

① 打开Word文档“体验”，利用“开始”菜单中的“字体”组进行字体格式设置。

② 全部选中其中的文本，设置字体为“宋体”，字号为“四号”并“加粗”，字体颜色设为“红色”。

（11）段落格式设置。

① 在文档窗口中，选中需要设置段落格式的文档内容。

② 段落首行缩进的设置。打开“段落”对话框中，选择“缩进”下面的“特殊格式”，单击下拉三角按钮，选择“首行缩进”并设置相应的缩进量为2字符，也可用水平标尺操作。

③ 行距的设置。在“段落”对话框中，调整“间距”下面的“段前”“段后”值为0.5行，调整后的效果可以在最下面的“预览”中看到。

选择“行距”下拉列表中的多倍行距，并指定1.3倍。

（12）页面设置。

① 设置纸张的大小为“B5”，方向为“纵向”。

② 切换到“页面布局”功能区。在“页面设置”分组中单击“页边距”按钮，并在打开的常用页边距列表中选择“适中”的页边距。

3. 问题解答

（1）Office 2010各程序的启动还有哪几种方法？

解答：还有以下几种方法。

- 利用程序的快捷方式启动运行。
- 利用“开始”菜单启动。
- 利用“计算机”或“资源管理器”启动运行：打开“计算机”或“资源管理器”窗口，双击要打开的Office 文档，则系统自动启动该文档所对应的Office应用程序。

（2）如何快速设置最常用的行距？

① 打开Word 2010文档窗口，选中需要设置行距的段落或全部文档。

② 在“开始”功能区的“段落”分组中单击“行距”按钮，并在打开的行距列表中选中合适的行距；也可以单击“增加段前间距”或“增加段后间距”设置段落和段落之间的距离。

（3）在Word 2010中，如何显示最近使用过的文档？

解答：“文件”菜单下“最近所用文件”会列出最近使用过的文档，通过选择它们可以打开相应文档。

4. 思考题

（1）如何在屏幕上显示工具栏中按钮的快捷键？

（2）如何让Word 2010文档保存后兼容较低版本软件？

（3）“文件”菜单中的“保存”和“另存为”命令有什么不同？

（4）如何为文档中文字加上“下画线”？

实验10 Word文档中对象的插入

1. 实验目的

（1）掌握插入艺术字的方法。

（2）掌握插入公式的方法。

（3）掌握文本框的用法。

（4）学会添加水印效果。

（5）学会插入页码。

2. 实验内容

（1）在 Word 文档中输入下面内容。

春节（Spring Festival），是农历的岁首，春节的另一名称叫过年，是中国最盛大、最热闹、最重要的一个古老传统节日，也是中国人所独有的节日，是中华文明最集中的表现。自西汉以来，春节的习俗一直延续到今天。春节一般指除夕和正月初一。但在民间，传统意义上的春节是指从腊月初八的腊祭或腊月二十三或二十四的祭灶，一直到正月十五，其中以除夕和正月初一为高潮。如何过庆贺这个节日，在千百年的历史发展中，形成了一些较为固定的风俗习惯，有许多还相传至今。在春节这一传统节日期间，我国的汉族和大多数少数民族都有要举行各种庆祝活动，这些活动大多以祭祀神佛、祭奠祖先、除旧布新、迎禧接福、祈求丰年为主要内容。活动形式丰富多彩，带有浓郁的民族特色。2006 年 5 月 20 日，“春节”民俗经国务院批准列入第一批国家级非物质文化遗产名录。

（2）插入艺术字。

① 在 Word 中利用“插入”菜单上的“文本”分组中“艺术字”按钮分别创建内容为“Spring Festival”和“中国传统节日”的艺术字效果，在“艺术字样式”分组中选择两种不同的式样。

② 分别选中所创建的艺术字，选择“排列”分组中的“自动换行”按钮，并在打开的列表中选中“四周型环绕”方式。

（3）插入公式。

① 切换到“插入”功能区，在“符号”分组中单击“公式”按钮。

② 创建一个空白公式框架，在“公式工具/设计”功能区中，单击“结构”分组中的“根式”按钮，并在打开的根式列表中选择需要的根式形式，选择“三次平方根”。

③ 在空白公式框架中将插入根式结构，单击占位符框并输具体的数值即可。

（4）插入水印。

通过插入水印，可以在文档背景中显示半透明的标识（如“机密”、“草稿”等文字）。水印既可以是图片，也可以是文字，Word 2010 内置有多种水印样式。

① 在文档窗口中，切换到“页面布局”功能区。

② 在“页面背景”分组中单击“水印”按钮，可在打开的水印面板中选择合适的水印。此处选择“自定义水印”命令，在如图 10-1 所示的对话框中进行设置并应用。

（5）插入页码。

① 切换到“插入”功能区。在“页眉和页脚”分组中单击“页脚”按钮，并在打开的页脚面板中选择“编辑页脚”命令。

② 当页脚处于编辑状态后，在“设计”功能区的“页眉和页脚”分组中依次单击“页码”→“页面底端”按钮，并在打开的页码样式列表中选择“普通数字 1”或其他样式的页码即可。

如果页码要从任意页开始，在需要开始打出页码的前一页的末尾（如果要在第 3 页开始标上页号，就是第 2 页的末尾），在“插入”功能区的“页眉和页脚”分组中依次单击“页码”→“设置页码格式”按钮，如图 10-2 所示。

（6）插入文本框。

① 在文档窗口中切换到“插入”功能区，在“文本”分组中单击“文本框”按钮，并在打开的文本框面板中选择“简单文本框”命令，输入文字“节日快乐”。

② 设置文本框中的文字为“幼圆”“四号”“加粗”“居中”对齐方式。

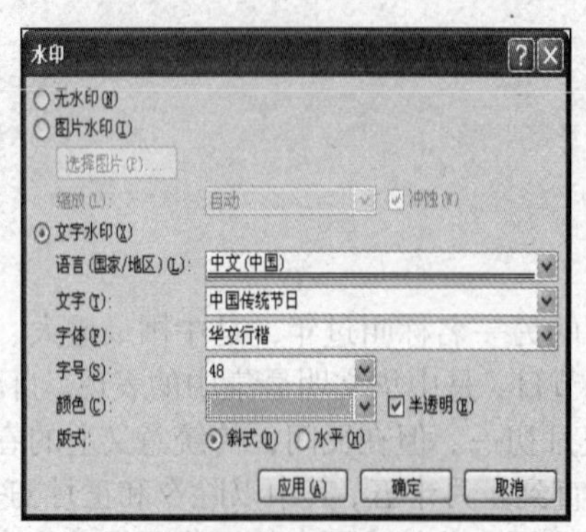

图10-1 自定义水印

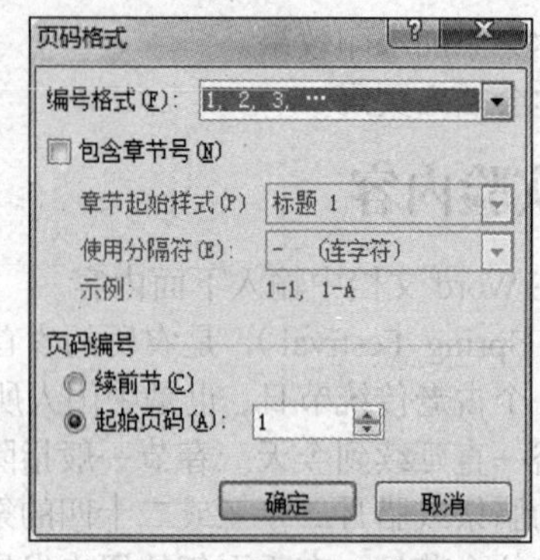

图10-2 设置页码格式

③ 选中文本框，通过在单击鼠标右键弹出的快捷菜单中选择“设置文本框格式”设置底纹填充效果，线条颜色为“无”。

④ 选中文本框，通过在单击鼠标右键弹出的快捷菜单中选择“其他布局选项”设置文字环绕方式为“四周型环绕”。

（7）插入图形和图像。

① 切到“插入”功能区。在“插图”分组中单击“剪切画”按钮，在弹出的对话框中选择或搜索一幅与春节有关的剪切画，利用“图片工具/格式”功能对图片做格式调整。

② 在“插入”功能区的“插图”分组中单击“形状”按钮，选择“基本形状”中的“心形”，向其中输入文字“真心”，并利用“绘图工具/格式”功能区中的各种工具，对该图形做格式调整。

（8）插入SmarArt图。

选择“SmarArt图”中的“关系”类型下的“射线维恩图”，输入如图10-3所示的内容并利用相关工具进行格式设置。同时设置图与文字间的关系。

（9）预览整个文档的结构布局是否合适，使所有对象放置在同一页中，可以适当调整纸张大小或页边距。

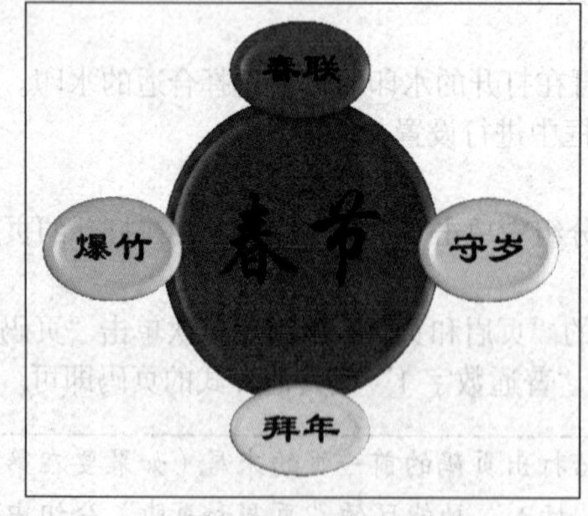

图10-3 SmarArt图

图10-4 三维设置工具栏

3. 问题解答

（1）如何给图形对象加三维效果？

解答：给图形对象加三维效果的操作步骤为：首先选择图形对象，然后单击“绘图工具/格式”功能区中的“形状效果”按钮，在“三维旋转”的级联菜单中选择合适的三维效果；如果要改变所选三维效果的深度、方向、照明度和旋转角度等，则单击“三维旋转选项”，弹出如图 10-4 所示的对话框，进行调整、设置。

（2）文档中插入的图片除了剪贴画外，可以插入自己收藏的图片吗？如何实现？

解答：在 Word 文档中，插入的图片包括 Word 自带的剪贴画和计算机中的外部图片，这些外部图片可以在本地磁盘中，也可以在网络驱动器上，甚至在 Internet 上。因此，可以插入自己收藏的图片。

选择“插入”菜单下“插图”分组中的“图片”命令，弹出“插入图片”对话框，选择要插入图片所在的位置。

（3）在 Word 2010 中，除了插入艺术字、图片，绘制自选图形外，还可以插入、编辑哪些图形类对象？

解答：可以插入 SmartArt、图表类型。在 Word 2010 文档中，选择“插入”菜单下“插图”分组中的“SmartArt”命令，在随后弹出的“选择 SmartArt 图形”对话框中选择图示的类型，单击“确定”按钮即可插入组织结构图、循环图、层次结构图、关系图、流程图和棱锥图等多种类型的图示，然后根据需要对图示进行添加或删除组件图框操作，再进行套用格式、反转、文字环绕等格式设置即可。

（4）如何调整图形的叠放次序？

解答：当文档中有多个浮动版式的图形且相互重叠时，可以设置它们的叠放次序。在要设置叠放次序的图形上单击鼠标右键，在弹出的快捷菜单中选择“叠放次序”命令下相应的子命令。

4. 思考题

（1）如何去掉 Word 2010 文档已有的“水印”效果？

（2）如何对文本框中的文字进行竖排？

（3）怎样在 Word 2010 中插入特殊符号？

（4）为什么要对图形进行“组合”操作？

（5）如何利用绘图工具栏绘制出精确的正方形和圆形？

实验 11 Word 文档中表格的制作与使用

1. 实验目的

（1）掌握表格的基本制作。

（2）掌握表格的设计及其属性的更改方法。

（3）掌握在表格中使用公式的方法。

2. 实验内容

（1）创建简单表格并进行简单计算。

① 利用“插入”选项卡中的“表格”命令，创建一个 8×8 的表格。

② 选择第一行，选择“表格工具/布局”菜单中的“合并单元格”命令，使第一行成为表格的标题行。

③ 输入如图 11-1 所示的表格中的内容，并对表格中的数据进行编辑，包括单元格中的数据水平居中对齐、字体为黑体等。

④ 利用“表格工具/布局”菜单中的“公式”命令，对总分进行求和运算。单击想要向其中插入公式的单元格，然后在“布局”选项卡的“数据”中单击“fx 公式”，将显示“公式”对话框。

⑤ 在打开的“公式”对话框中，“公式”编辑框中会根据表格中的数据和当前单元格所在位置自动推荐一个公式，例如“=SUM(LEFT)”是指计算当前单元格左侧单元格的数据之和。可以单击“粘贴函数”下拉三角按钮选择合适的函数，如平均数函数 AVERAGE、计数函数 COUNT 等。各公式中括号内的参数包括 4 个，分别是左侧(LEFT)、右侧(RIGHT)、上面(ABOVE)和下面(BELOW)。本题可以先为表格的最后一行进行求和计算，再逐渐向上完成各行的求和计算。完成公式的编辑后单击“确定”按钮即可得到计算结果。如图 11-1 样表所示。

成绩表							
学号	姓名	计算机原理	数据库	操作系统	高级语言	总分	备注
021001	李军	100	86	64	80	330	
021002	常伟	56	67	90	77	290	
021003	王平	68	56	68	80	272	
021004	张华	87	74	88	69	318	
021005	赵兵	72	63	76	84	295	
021006	肖娟	89	91	69	76	325	

图 11-1　样表

（2）创建有斜线表头的表格。

① 利用“插入”选项卡中的“表格”命令，创建一个 5×7 的表格。

② 拖动窗口左边的垂直标尺中的控制点，把第一行的行高调大一些，如图 11-2 所示。剩余各行均设置为相等的行高。

③ 分别选中第一行前两个单元格、第一列第 2、3 个单元格和第 4、5 个单元格，执行合并单元格操作；选中所有单元格，单击鼠标右键→单元格对齐方式→水平居中；并利用“表格工具/设计”菜单中的“表样式”命令，应用如图 11-2 中的样式效果。

课程表

星期 / 课节		星期一	星期二	星期三	星期四	星期五
上午	1～2 节	语文	英语	语文	物理	化学
	3～4 节	数学	化学	化学	英语	数学
下午	5～6 节	英语	物理	数学	语文	语文
	7～8 节	物理	数学	英语	体育	英语

图 11-2　样表

④ 选择“表格”菜单中“绘制表格”命令，在第一行第一个单元格添加斜线表头。在斜线的两侧输入“星期”与“课节”。

⑤ 将鼠标光标分别定在第一列两个单元格中，并分别单击鼠标右键，在弹出的命令中选择“文

字方向”，设置为竖排，然后在其中分别输入“上午”和“下午”。

斜线表头也可以通过“表格属性”对话框中“边框和底纹”命令设置。选择斜线，在“应用于”下拉列表中选择“单元格”，如图 11-3 所示。

（3）创建特殊表格。

① 插入一个 11×7 的一般表格。

② 在表格中插入 2 行，成为 13×7 的表格，用鼠标指针调整表格的列宽、行高。

③ 选中第 7 列的 1～4 行的单元格，再选择“表格工具/布局”菜单中的“合并单元格”命令。按如图 11-4 所示对表格进行合并单元格的操作。

④ 按如图 11-4 所示的内容输入文本，选中部分单元格，通过“表格工具/布局”菜单中的“文字方向”设置单元格中的文字为竖排。一些单元格中的字符间距加宽（不是用空格）。利用“插入”选项卡中的“符号”向单元格中插入一些特殊符号。

图 11-3 插入斜线表头

个人简历

<table>
<tr><td>姓　　名</td><td></td><td>性　别</td><td></td><td>年　龄</td><td></td><td rowspan="4">相
片</td></tr>
<tr><td rowspan="3">联
系
方
式</td><td colspan="5">（在此输入联系人信息）</td></tr>
<tr><td>邮政编码✉</td><td></td><td>电子邮件</td><td colspan="2"></td></tr>
<tr><td>电　　话☎</td><td></td><td>传　　真</td><td colspan="2"></td></tr>
<tr><td>通信地址</td><td colspan="6"></td></tr>
<tr><td>应聘职位</td><td colspan="6"></td></tr>
<tr><td rowspan="2">教

育</td><td>时　间</td><td colspan="5">学　校</td></tr>
<tr><td></td><td colspan="5"></td></tr>
<tr><td>励　　奖</td><td colspan="6"></td></tr>
<tr><td>技　　能</td><td colspan="6"></td></tr>
<tr><td>兴趣爱好</td><td colspan="6"></td></tr>
<tr><td>备　　注</td><td colspan="6"></td></tr>
</table>

图 11-4 样表

利用 Word 单元格段落的独立性可以制作分栏排版的报纸，只要把相应各栏（块）内容分别放入根据需要绘制的特大表格单元格中，设置好横竖排方向，再合理设置好边框（如无边框）等，就能得到报刊或杂志上的排版效果。

3. 问题解答

（1）Word 2010 中怎样插入或粘贴 Excel 电子表格？

解答：在使用 Word 2010 制作和编辑表格时，可以直接插入 Excel 电子表格，并且插入的电子表格也具有数据运算等功能。如果直接粘贴 Excel 电子表格，表格不具有 Excel 电子表格的计算功能。

① 打开 Word 2010 文档，单击"插入"选项卡→在"表格"中单击"表格"按钮→在菜单中选择"Excel 电子表格"命令→在 Excel 电子表格中输入数据，并进行计算、排序等操作。

② 打开 Excel 软件，选中需要复制到 Word 2010 中的表格，单击"复制"按钮，打开 Word 2010 文档，在"粘贴"菜单按钮中选择"选择性粘贴"命令，在"选择性粘贴"对话框中选中"形式"列表中的"Microsoft Excel 2010 工作表对象"选项，确定后双击 Excel 表格将开始编辑数据，单击表格外部将返回 Word 文档编辑状态。

（2）在进行移动、复制表格内容操作时与在纯文字文本中操作结果有何区别？

解答：在进行移动、复制表格中的内容时，其目标单元格的大小区域必须与源单元格的大小区域相匹配，否则无法执行。而在纯文字文本中进行移动、复制操作时无此要求。

（3）在 Word 2010 中如何将表格转换成文本？

解答：将表格转换为文字的操作为：选定要转换的表格，选择"表格工具"菜单下"布局"选项卡的中的"转换为文本"命令，打开"表格转换成文本"对话框，根据实际情况进行选择。

（4）Word 2010 中表格跨页后如何实现在下一页也显示同样的标题？

解答：一些大型表格可能一页放不下，必须分页处理，表格会在分页符处被分割，第二页的表格缺少标题，需要添加相同的标题，这样就涉及表格标题的重复问题。

选择表格的一行或多行标题行，选择内容必须包括表格的第一行，然后在"表格工具"菜单下"布局"选项卡的"数据"中单击"重复标题行"命令，在后续页的相应位置会出现同样的标题内容。

4. 思考题

（1）在 Word 2010 文档中创建表格的方式有哪些？各适用于何种表格的创建？

（2）如何利用菜单调整表格的尺寸？如何利用鼠标及标尺调整单元格的尺寸？

（3）什么是合并单元格？合并单元格与在几个选定的单元格中删除中间线后所得的结果是否一样？

实验 12 Word 文档的排版与输出

1. 实验目的

（1）综合 Word 中所学的知识，熟练掌握排版技巧。

（2）练习插入公式和表格以及对其格式化的方法。

（3）练习对长文档的排版，学会自动生成长文档目录的方法。

（4）掌握奇偶页不同的页眉页脚设置方法。

（5）掌握对文档的打印设置。

2. 实验内容

综合设计、编排一个如图 12-1 所示的毕业论文文档。

（1）页面设置。

“页面设置”中纸张大小选择“A4”，纸张方向选择“纵向”；页边距设置：上、下页边距各为 2.5 厘米，左为 2.5 厘米，右为 2 厘米。

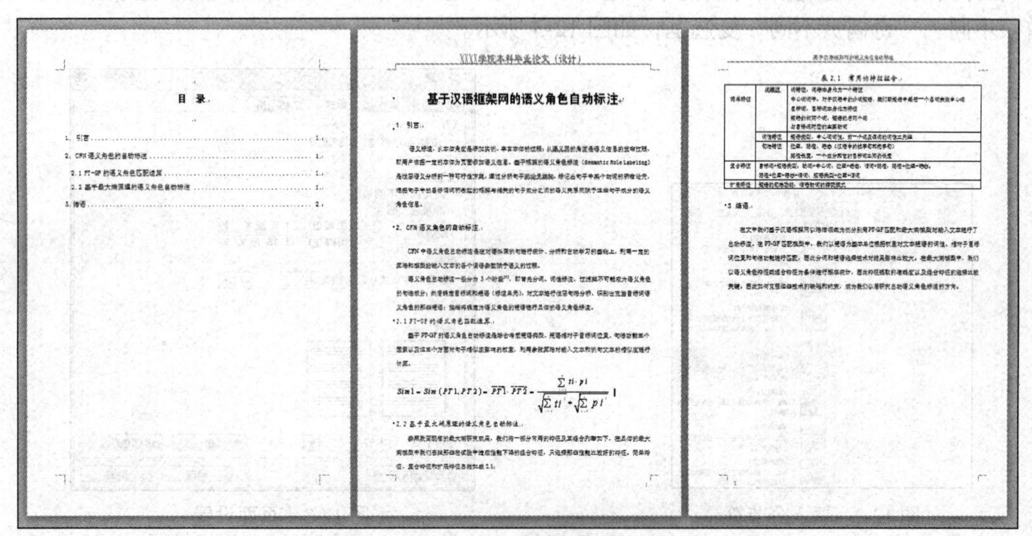

图 12-1 综合排版效果

（2）论文排版格式（要求基于样式进行排版）。

① 论文题目用二号黑体，标题前后各空一行。

② 一级标题：小四号黑体（上下各空一行）。

③ 二级标题：小四号楷体。

④ 正文用五号宋体。

① 一级标题和二级标题与 Word 给出的标题样式格式不同，为不影响原标题的样式，可根据“Word 标题 i”样式新建对应的“样式 i”，i=1，2，3。两级标题的样式设置好后，套用到本文中的标题上，目的是为下一步目录的自动生成打基础。

② 新建样式：执行“开始”菜单中“样式”分组下“样式”对话框中的“新建样式”命令，在对话框中输入名称为“样式 1”，样式类型为“段落”，基准样式为“标题 1”。更细化的格式设置按对话框中的“格式”按钮进行设置。

（3）自动生成目录。

① 目录：要求单独占页，“目录”二字用三号宋体加粗，目录内容用小四号宋体，1.5 倍行距。

② 光标定位到题目前，单击“页面布局”菜单下“页面设置”分组中的“分隔符”的下拉三角按钮，选择“分节符”下的“下一页”，在当前文档前插入新页，如图 12-2 所示。

③ 在新页上，单击“引用”菜单下“目录”分组中的“目录”下拉三角按钮，选择“自动目录 1”，则自动生成目录。按照要求设置目录的格式，呈现如图 12-1 所示的目录效果。

在生成目录前，最好根据自己设置的两级标题，通过大纲视图观察目录的层次结构，若不符合要求，再进行修改。

（4）页眉和页脚排版格式。

① 页脚：奇数页码位置放置在页面右下角，偶数页放置在页面的左下角。

② 页眉：小五，宋体，居中（向奇数页“页眉”中央插入相关艺术字；将偶数页页眉设置为论文题目）。

③ 打开 Word 2010 文档，在“页面布局”选项卡的“页面设置”分组中单击对话框启动器按钮。在弹出的“页面设置”对话框中，选择“版式”选项卡、在“页眉和页脚”选项区域中勾选“首页不同”、“奇偶页不同”复选框，如图 12-3 所示。

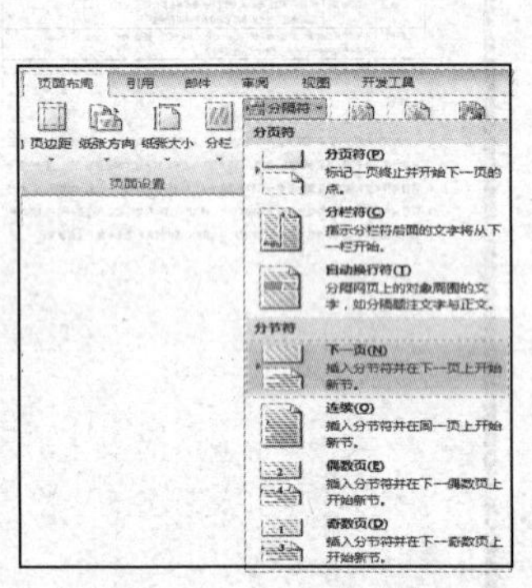

图 12-2　插入分节符

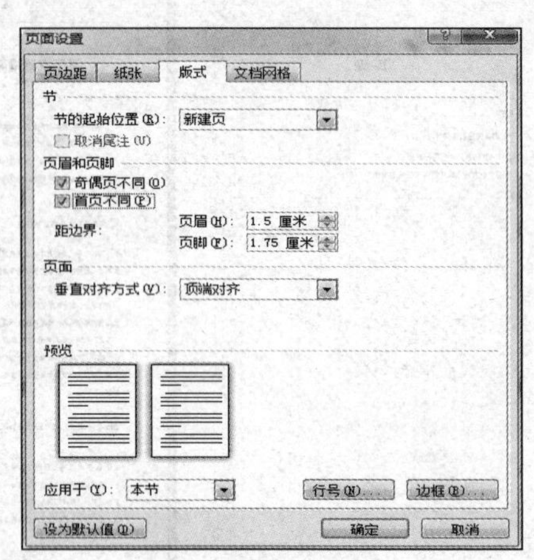

图 12-3　页面设置

④ 在“插入”选项卡中的“页眉和页脚”分组单击“页眉”按钮，在展开的下拉菜单中选择“空白”选项，激活页眉区域。在奇数页页眉插入图片；切换至第 2 页页眉区域，插入论文题目，并将字体设为宋体，字号小五，居中。

⑤ 在 Word 2010“页眉和页脚工具”的“设计”选项卡的“导航”组中，单击“转至页脚”按钮，转至页脚区域。

⑥ 单击“页码”按钮，在展开的下拉菜单中将光标指向“页面底端”选项，在展开的下拉菜单中选择“普通数字”选项，此时可以看到在第 1 页的页脚区域显示了选择的页码样式，将其对齐方式设置为右对齐。

⑦ 切换至第 2 页页脚区域，然后在其中插入与前一页相同样式的页码，将对齐方式设置为左对齐。

设置奇偶页不同也可以进行如下操作。打开 Word 2010 文档窗口，切换到“插入”功能区。在“页眉和页脚”分组中单击“页眉”或“页脚”按钮（如果单击“页眉”按钮），并在打开的页眉面板中选择“编辑页眉”命令；选择“编辑页眉”命令，打开“页眉和页脚工具”功能区，在“设计”选项卡的“选项”分组中选中“首页不同”和“奇偶页不同”复选框，其余操作同步骤④～步骤⑦。

（5）在文档中插入如下公式

$$\mathrm{Sim1} = \mathrm{Sim}(PT1, PT2) = PT1 \cdot PT2 = \frac{\sum_{i=1}^{n} ti \cdot pi}{\sum_{i=1}^{n} ti^2 * \sum_{i=1}^{n} pi^2}$$

（6）打印设置。

① 文档排版完毕并保存后，依次单击“文件”→“打印”按钮。弹出如图 12-4 所示窗口。

② 在打开窗口的右侧预览打印效果，可单击“开始”按钮切换修改排版效果。

提示

通过右下角的的滑块调整显示页面的大小，如果是多页，则可通过右侧的滚动条调整翻页。

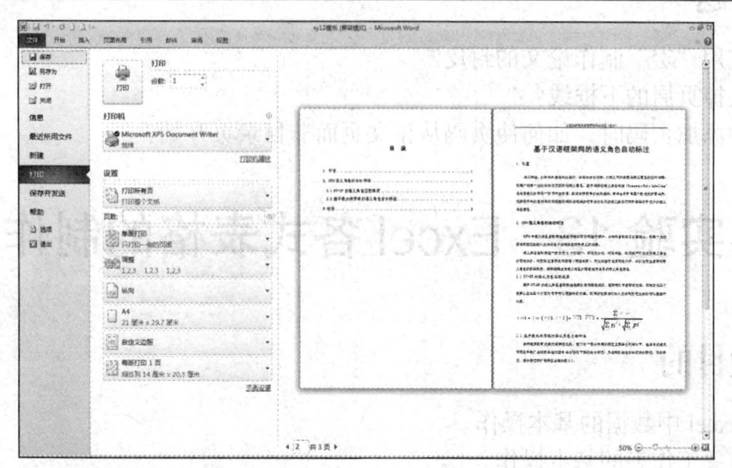

图 12-4　打印设置

③ 在“设置”选项中设置：

- “打印所有页”、“页数”：设置所要打印的文档的范围。
- “单面打印”：设置文档的单、双面打印方式。
- “调整”：设置打印多份时文档的打印方式。

④ 单击页面左侧下方的“页面设置”按钮调整页面设置效果。

⑤ 在“打印”选项中设置打印份数，然后单击“打印”按钮打印并输出文档。

3. 问题解答

（1）怎样在 Word 2010 文档中设置分栏？

解答：默认情况下，Word 2010 提供了 5 种分栏类型供用户选择使用，即一栏、两栏、三栏、偏左和偏右。如果这些分栏类型依然无法满足用户的实际需求，用户可以在 Word 2010 文档窗口的“分栏”对话框中进行自定义分栏，以获取更多的分栏选项。在 Word 2010 文档中自定义分栏的步骤如下。

① 打开 Word 2010 文档窗口，切换到“页面设置”功能区。将鼠标光标定位到需要设置分栏的节或者选中需要设置分栏的特定文档内容，在“页面设置”分组中单击“分栏”按钮，并在打开的分栏菜单中选择“更多分栏”命令。

② 打开“分栏”对话框，在“列数”编辑框中输入分栏数；选中“分隔线”复选框可以在两栏之间显示一条直线分割线；如果选中“栏宽相等”复选框，则每个栏的宽度均相等，取消“栏宽相等”复选框可以分别为每一栏设置栏宽；在“宽度”和“间距”编辑框中设置每个栏的宽度数值和两栏之间的距离数值，在“应用于”编辑框中可以选择当前分栏设置应用于全部文档或当前节。设置完毕单击“确定”按钮。

（2）如何将 Word 2010 文档直接保存为 PDF 文件？

解答：Word 2010 具有直接另存为 PDF 文件的功能，用户可以将 Word 2010 文档直接保存为 PDF 文件，操作步骤如下。

① 打开 Word 2010 文档窗口，依次单击“文件”→“另存为”按钮，在打开的“另存为”对话框中，选择“保存类型”为 PDF，然后选择 PDF 文件的保存位置并输入 PDF 文件名称，然后单击“保存”按钮。

② 完成 PDF 文件发布后，如果当前系统安装有 PDF 阅读工具（如 Adobe Reader），则保存生成的 PDF 文件将被打开。

4. 思考题

（1）如何应用“宏”制作论文的封皮？

（2）如何去掉页眉的下框线？

（3）本例中添加页码时，如何使页码从正文页而非目录页开始？

实验 13 Excel 各式表格的制作

1. 实验目的

（1）掌握 Excel 中数据的基本操作。

（2）学会有关工作表的基本操作。

（3）掌握基本格式操作。

（4）能够制作不同要求的工作表。

（5）了解有关工作表的保护设置。

2. 实验内容

进入 Excel 2010 操作界面，认识窗口的组成元素，并完成下面的操作。

新建一个工作簿，文件名为“各类表格实例”，在其中创建下面的工作表。将每个工作表按题中要求重新命名。若工作表数目不够，请插入几张工作表。

（1）建立一个效果如图 13-1 所示的“费用综合统计表”。

	A	B	C	D	E	F	G	H	I
1				费用综合统计表					
2		投资	时间	二〇一二年度					
3			(万元)	第一季			第二季		
4		项目名称		一月	二月	三月	四月	五月	六月
5		操作费用	人工费	5	8	6	6	7	4
6			管理费	6	2	4	7	4	3
7			机械费	9	8	7	6	7	8
8			小计						
9		修理更新费	搅拌机	10	12	9	11	10	12
10			配料架	9	7	8	7	9	6
11			计量器	2	3	1	3	4	2
12			小计						

图 13-1　费用综合统计表

① 本表的制作可分模块完成。在工作表中先选定“B2:C4”单元格区域，加“外侧边框”线；然后分别选定“D2:I2”“D3:F3”和“G3:I3”区域，单击“合并后居中”按钮；最后选定“D2:I4”区域加“所有框线”。

类似这种表头一般不将单元格合并，否则会给表头文字输入和其他操作带来麻烦。

② 选定“B5:B8”区域，设置格式为“合并单元格”，文字方向“竖排”，选定“B5:I8”区域，

加“所有框线”。

③ 将“B5:I8”区域的格式用格式刷复制给“B9:I12”区域，“B9:B12”区域设置格式为“缩小字体填充”。

④ 再一次选定“B5:I8”区域，添加“双底框线”边框。

⑤ 输入除“B2:C4”区域之外的其他内容，并设置对齐方式，改变列宽。其中的“季度”和“月”可用“序列”填充（可以将表中内容扩充为 1 年的数据）。

⑥ 用“插入”选项卡中的“直线”工具绘制表头中的斜线，在 B2 单元格中输入“投资”并右对齐，在 C2 单元格中输入“时间”并右对齐，在 C3 单元格中输入“（万元）”并左对齐，在 B4 单元格中输入“项目名称”并左对齐，并适当调整列宽。

⑦ 调整第一行行高，插入“艺术字”作为该表标题：“费用综合统计表”。修改艺术字格式。将工作表重命名为“费用综合统计表”后保存文件。

请在学习了公式和函数的内容后，将表中“小计”行得出求和结果。

（2）建立如图 13-2 所示的“月度考勤记录表”。

	A	B	C	D	E	F	G	H	I	J
1		月度考勤记录表								
2										
3			科室			姓名			月份	
4				星期一	星期二	星期三	星期四	星期五	星期六	合计
5		第一周	病假							0
6			事假							0
7			它假							0
8		第二周	病假							0
9			事假							0
10			它假							0
11		第三周	病假							0
12			事假							0
13			它假							0
14		第四周	病假							0
15			事假							0
16			它假							0
17			月度累计		病假	0	事假	0	它假	0

图 13-2 月度考勤记录表

① 输入内容。分别在 C3、F3、I3 单元格中输入“科室”“姓名”“月份”；在“D4:J4”单元格中输入“星期一”“星期二”…“星期六”“合计”；在 B5、B8、B11、B14 单元格中输入“第一周”…“第四周”；在“C5:C7”单元格中输入“病假”“事假”“它假”，将这 3 个单元格中的内容分别复制到“C8:C10”“C11:C13”“C14:C16”中；在 C17 单元格中输入“月度累计”；在 E17、G17、I17 中分别输入“病假”“事假”“它假”。将所有单元格的对齐方式设为“居中”。

② 合并单元格。选定“B1:J1”区域，单击“合并后居中”按钮；将 D3 和 E3、G3 和 H3、C17 和 D17 分别“跨越合并”；选定 B5、B6、B7 单元格，单击“合并单元格”按钮，并将文字方向“竖排”；将该格式用格式刷复制给“B8:B10”“B11:B13”“B14:B16”区域。

③ 填充底纹。选定 D3、G3、J3、F17、H17、J17 这些不连续的单元格，填充为“水绿色”；选定 B5、B11、“J5:J16”单元格或区域，填充为“淡黄”；选定“B4:J4”区域在“单元格样式”中选择“强调文字颜色 4”；选定 C17 单元格，在“单元格样式”中选择“计算”按钮，将“D5:I16”填充为“白色”。

④ 设置边框。选定“B4:J17”区域，先加所有边框为黑色单线条，再将外围边框线型改为双线条。调整各列宽度为适当宽度。

⑤ 设置数据有效性。选定“D5:I16”，在“数据”选项卡中单击“数据有效性”按钮，做如图 13-3 所示的设置。

提示

设置有效性是为了防止用户的非法输入。在选定的单元格区域内只能输入 1~9 的整数。

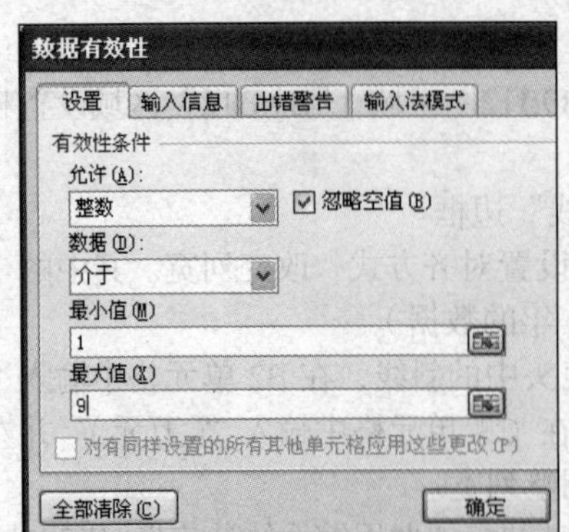

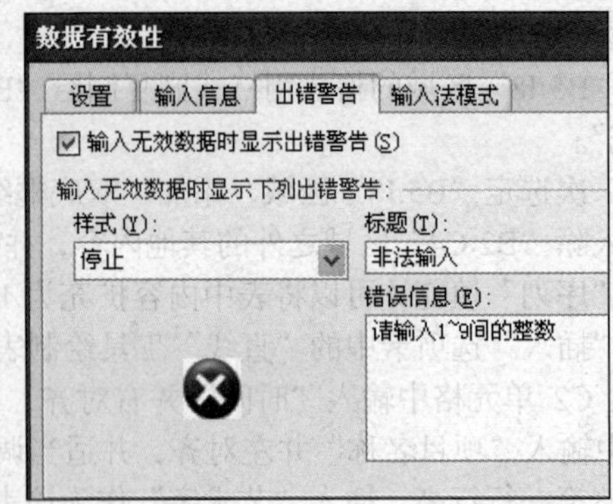

图 13-3　数据有效性设置

⑥ 输入公式。在B1单元格中输入“=D3&G3&J3&"月度考勤记录表"”；在J5单元格中输入“=sum(D5:H5)”，并用“自动填充柄”将该公式复制到同列其他单元格；在F17单元格中输入“=J5+J8+J11+J14”；在H17单元格中输入“=J6+J9+J12+J15”；在J17单元格中输入“=J7+J10+J13+J16”。

提示

B1中的公式用了文本的连接运算符&。各个公式的含义根据表格自己理解。

⑦ 设置工作表保护。选定D3、G3、J3、“D5:I16”这些单元格及区域，在“单元格格式”对话框中的“保护”标签中取消“锁定”。单击“审阅”选项卡中“更改”组“保护工作表”按钮，在“允许此工作表的所有用户进行”列表中勾选“选定未锁定的单元格”，不用设置密码，直接确定。

提示

设置保护后，用户只能对未锁定的单元格进行操作。

⑧ 保存为模板文件“月度考勤记录表”。

⑨ 打开模板文件，向D3、G3、J3中分别输入会计系、高尚、六月份；在“D5:I16”区域中的某些单元格中输入1～9的整数，观察表中数据有何变化。如果输入的数据不在此范围时，出现什么情况？保存该文件，文件名为“6月份高尚考勤表”。

3. 问题解答

（1）如何使用“格式刷”？

解答：工作表中的“格式刷”可以复制数据和单元格的格式，选定带有格式的单元格，单击“格式刷”按钮，按左键拖过待复制的单元格或区域。

（2）如何设置多行的行高？

解答：若要设置多行的行高，可拖动鼠标选中多行，或按【Ctrl】键选中不相邻的行，然后拖动其中一行的下边界，就可以改变选中的行的高度。

若要设置所有行的行高，可单击位于列标和行号的交接处的按钮，然后拖动任意一行的边界；要使行高与单元格中内容的高度相适合，可双击行号的下边界。

（3）“清除”命令与“删除”命令有什么不同呢？

解答：如果清除单元格，则只是删除了单元格中的内容（公式和数据）、格式（包括数字格式、条件格式和边界）或批注，但是空白单元格仍然保留在工作表中。如果通过“删除”命令删除单元格，Excel将从工作表中移去所选单元格，并调整周围的单元格填补删除后的空缺。

4. 思考题

（1）如何规定在建立新的工作簿时打开工作表的个数？

（2）如果选定了表格标题所在的整行进行“合并及居中”，会出现什么结果？

（3）在输入数字时，如果显示“#######”怎么办呢？

（4）插入的单元格使用什么格式？

（5）“数据有效性”有哪些功能？

（6）如何删除“数据有效性”设置？

实验 14 学生成绩表的制作与计算

1. 实验目的

（1）掌握 Excel 中各种数据的输入方法。

（2）掌握有关工作表的各种格式设置。

（3）初步掌握公式的编制与使用。

（4）掌握函数语法、函数的输入与应用，基本学会使用函数进行计算。

2. 实验内容

（1）建立工作簿。

① 新建一个工作簿，文件名为“学生成绩信息”，将 Sheet1 工作表重命名为“基本表”。

② 在该表中输入如图 14-1 所示的内容。可用方向键在单元格间切换，“学号”内容用“自动填充柄”进行序列填充；“性别”的内容可以用“数据有效性”的“设置”定义序列内容“男女”，从而可直接选择值；班级可以用“自动填充柄”复制；制表日期用快捷键【Ctrl+;】插入当前日期；数字最好用小键盘区输入。

提示

如果想防止学号输入的重复性，可选定所有学号所在区域“A4:A15”，打开“数据有效性”对话框，在“允许”下拉列表框中选“自定义”，在“公式”框中输入“=COUNTIF(A:A,A4)=1”。

	A	B	C	D	E	F	G	H	I	J	K	L	M	N
1	学生成绩表													
2						制表日期: 2012-9-1								
3	学号	姓名	性别	班级	数学	英语	计算机	体育	语文	总分	均分	排名	总评	奖学金等级
4	201201301	高尚	女	三班	67	77	76	80	86					
5	201201302	中东	男	三班	77	78	76	75	79					
6	201201303	吴晧	男	三班	87	85	73	69	81					
7	201201304	张娟	女	三班	78	79	80	73	66					
8	201201305	张江洋	男	三班	45	38	67	64	70					
9	201201401	景泰红	女	四班	65	70	77	60	70					
10	201201402	邓海	男	四班	50	77	70	65	70					
11	201201403	刘可	女	四班	87	90	80	84	79					
12	201201404	李砂国	男	四班	69	70	78	73	68					
13	201201405	要强	男	四班	88	86	78	89	96					
14	201201406	伍佰	男	四班	65	63	76	70	78					
15	201201407	智者聪	女	四班	79	80	87	84	74					
16	人数统计													
17	最高分													
18	最低分													
19	条件统计													

图 14-1 基本表

（2）设置单元格及数据格式。

① 日期格式：对输入日期的单元格将数字格式设置为日期中的一种。

② 标题格式：将该表复制到 sheet2 中，重命名为“格式表格”。选定表格标题区域“A1:N1”单元格，“合并后居中”，并将标题文字格式设为“楷体-GB2312”“加粗”“22 号”“双下划线”。为该单元格填充，选择一种图案颜色和样式。

③ 为 A19 单元格插入“批注”，内容为“可以求和或求个数”。

④ 双击列标线调整列宽使其适合内容宽度，使表中所有内容在水平和垂直方向都居中。

⑤ 选定“E3:I3”区域，单击“复制”，再选定该表中的一个空白单元格，在“粘贴”选项中选择“转置”按钮，为转置后的单元格区域添加图中所示的“学分”内容，并为此区域套用“单元格样式”中的“输入”。

提示

转置操作中粘贴区域必须在复制区域之外，而且只需选定一个单元格即可。

⑥ 为工作表区域“A3:N19”套用表格格式中的“表样式浅色 20”。选定 E 列中数据在 60 以下的单元格，套用“单元格样式”中的“差”，用以突出不及格信息。效果如图 14-2 所示。

学生成绩表

制表日期：2012-9-1

学号	姓名	性别	班级	数学	英语	计算机	体育	语文	总分	均分	排名	总评	奖学金等级
201201301	高尚	女	三班	67	77	76	80	86					
201201302	中东	男	三班	77	78	76	75	79					
201201303	吴皓	男	三班	87	85	73	69	81					
201201304	张娟	女	三班	78	79	80	73	66					
201201305	张江洋	男	三班	45	38	67	64	70					
201201401	景泰红	女	四班	65	70	77	60	70					
201201402	邓海	男	四班	50	77	70	65	70					
201201403	刘可	女	四班	87	90	80	84	79					
201201404	李砂国	男	四班	69	70	78	73	68					
201201405	要强	男	四班	88	86	78	89	96					
201201406	伍佰	男	四班	65	63	76	70	78					
201201407	智者聪	女	四班	79	80	87	84	74					
人数统计													
条件统计													
最低分													
最高分													

课程名	学分
数学	6
英语	6
计算机	4
体育	3
语文	2

图 14-2　格式化后的工作表

（3）条件格式的设置。

① 将“基本表”中“A3:I15”内容复制到 sheet3 中相应的位置，工作表重命名为“条件格式”。

② 将“E4:E15”区域中的数据利用条件格式的“突出显示单元格规则”用默认设置突出显示重复值。

③ 将“F4:F15”区域中的数据利用条件格式中“项目选取规则”将“低于平均值”的单元格设置为“黄填充色深黄色文本”。

④ 将“I4:I15”区域中的数据利用条件格式中“数据条”下“渐变填充”中的“浅蓝色数据条”。

⑤ 将“G4:G15”区域中的数据利用条件格式中“色阶”下的“其他规则”，格式样式选择“三色样式”，最小值的颜色选红色，最大值的颜色选绿色。

⑥ 将“H4:H15”区域中的数据利用条件格式中“图标集”下的“其他规则”，按照如图 14-3 所示进行设置，将本列成绩分为几个分数段，每个分数段用不同方向、不同颜色的箭头表示数值的大小。上述各种条件格式设置效果如图 14-4 所示。

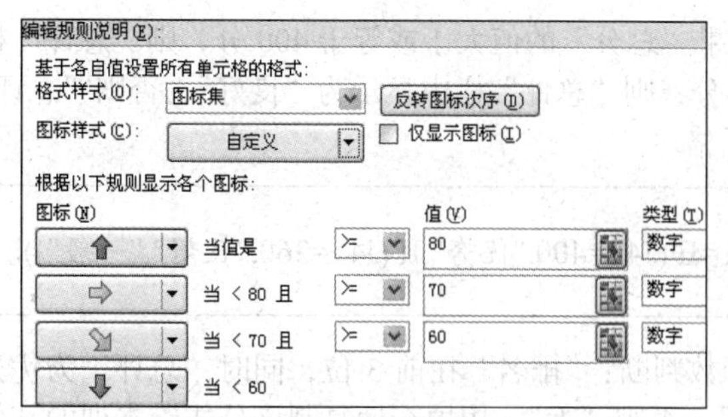

图 14-3　图标集“其他规则”设置

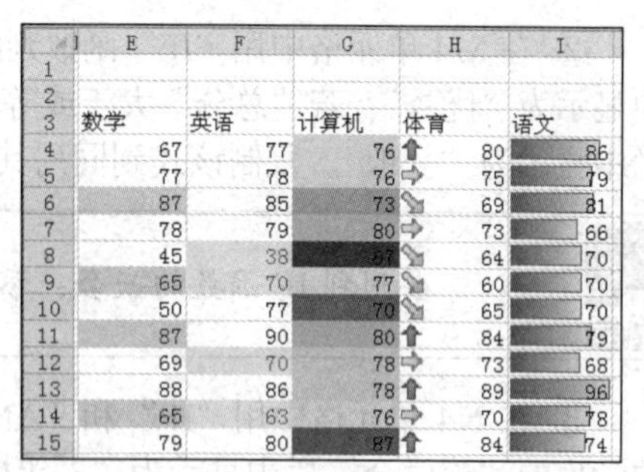

	E	F	G	H	I
1					
2					
3	数学	英语	计算机	体育	语文
4	67	77	76	80	86
5	77	78	76	75	79
6	87	85	73	69	81
7	78	79	80	73	66
8	45	38	67	64	70
9	65	70	77	60	70
10	50	77	70	65	70
11	87	90	80	84	79
12	69	70	78	73	68
13	88	86	78	89	96
14	65	63	76	70	78
15	79	80	87	84	74

图 14-4　各种条件格式设置效果

（4）插入对象。

在“条件格式”工作表中插入一种 SmartArt 图形，选择“列表”下的“垂直 V 形列表”，向其中输入如图 14-5 所示的内容，也可自行编写。图形应用“SmartArt 样式”中的三维“嵌入”效果。

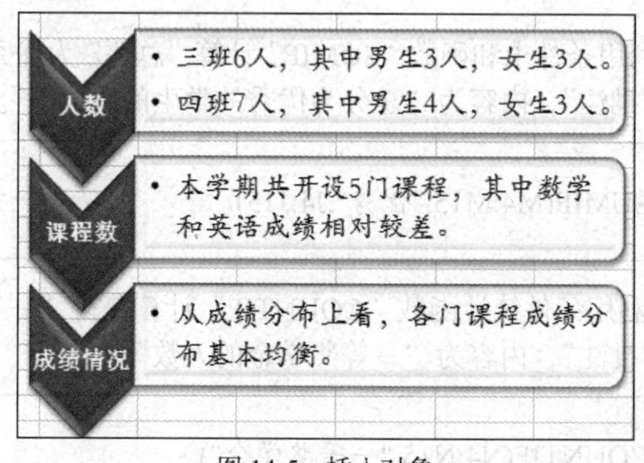

图 14-5　插入对象

将“基本表”中的“A3:N19”区域内容复制到 sheet4 中，为该区域加“所有框线”，内容“居中”。将 sheet4 重命名为“计算”。

（5）公式的编制与使用。

① 选定“E4:J15”单元格区域，利用“自动求和”按钮，求出每位学生的总分。

② 选定 K4 单元格，输入公式“=J4/5”，单击编辑栏上的“确定”按钮，求出均分。也可用“自动求和”组中的“平均值”按钮，还可用函数“AVERAGE”求平均值。

③ 用“填充柄”将均分公式复制给其他学生。

④ 将“均分”一列中的数字保留一位小数。

利用“自动求和”按钮进行计算时，要选定比求和数据多一行或一列的区域，以便存放求出的结果。对一个连续区域中的数据求和时，用“自动求和”按钮非常方便。

（6）函数的使用。

① 选定 L4 单元格，从“插入函数”对话框中选择“统计函数”中的“RANK”函数，在打开的对话框中“number”后的文本框中引用工作表中的 K4 单元格，“ref”后引用“K$4:K$15”，确定后即计算出第一位学生的排名顺号。用“填充柄”复制该公式给同列其他单元格。

“ref”后的单元格区域必须用绝对引用，否则排名会出现多位重复或无效的结果。

② 在 M4 单元格中用“IF”函数判断：如果“总分”的值大于或等于 400 分，则“总评”栏中显示为“优秀”；若“总分”大于或等于 360 分，则“总评”栏中显示为“良好”；否则“总评”栏中显示为“一般”。复制该式到同列其他单元格。

要用到 IF 函数的嵌套，参考公式=IF(J4>=400,"优秀",IF(J4>=360,"良好","一般"))。

③ 在 N4 单元格中用“IF”和“AND”函数判断：“排名”在前 3 位，同时“总评”为优秀的学生的“奖学金”栏中显示为“一等奖学金”，否则“无”。用填充柄复制该公式给本列的其他单元格。

④ 在 B16 单元格中用“COUNTA”函数统计姓名列中的人数。

⑤ 在 E17 单元格中，用“MAX”函数求出数学成绩中的最高分。用“填充柄”将公式复制到“F17:I17”单元格中。

⑥ 在 E18 单元格中，用“MIN”函数求出数学成绩中的最低分。用“填充柄”将公式复制到“F18:I18”单元格中。

⑦ 在 J19 单元格中利用条件求和函数“SUMIF”计算“总评”为优秀的学生的“总分”之和，并为该单元格添加一个“批注”，内容为“总分为优秀的学生的总成绩”。

参考公式=SUMIF(M4:M15,"优秀",J4:J15)。

⑧ 在 N19 单元格中利用条件统计函数“COUNTIF”计算获得“一等奖学金”的学生人数，并为该单元格添加一个“批注”，内容为“一等奖学金的人数”。

参考公式=COUNTIF(N4:N15,"一等奖学金")。

（7）关于其他函数的小练习。

① 利用“ROUND”和“SQRT”函数计算 375 的平方根并将结果保留两位有效数字。

② 用“FACT”函数计算 10 的阶乘。

③ 用“ABS”和“LOG10”函数计算以 10 为底的 0.02 的对数的绝对值。

3. 问题解答

（1）如何取消合并单元格的操作？

解答：选定已合并的单元格，打开“单元格格式”对话框，在“对齐”标签中取消“合并单元格”复选框或再次单击“合并后居中”按钮。

（2）如何建立工作表的复杂表头？

解答：对于比较庞大而结构又特殊的工作表来说，要分块进行操作。表头的斜线要用“绘图”中的直线工具，表头区每个单元格中的内容可能有不同的对齐方式。为使整个表头区成为一个整体，只能为该表头区加外部框线。每个区域根据不同的需要添加不同的边框线型。

（3）如何隐藏表格中的辅助线？

解答：“视图”选项卡下的“显示”组中，取消“网格线”前的复选框。

（4）使用“SUM()”函数需要注意什么呢？

解答：使用“SUM()”函数需要注意以下几项。

① 直接输入到参数表中的数字、逻辑值及数字的文本表达式将被计算。

② 如果参数为数组或引用，只有其中的数字被计算，数组或引用中的空白单元格、逻辑值、文本或错误值将被忽略。

③ 如果参数为错误值或为不能转换成数字的文本，将会导致错误。

（5）使用“AVERAGE()”函数需要注意什么呢？

解答：使用“AVERAGE()”函数需要注意以下几项。

① 参数可以是数字，或者是包含数字的名称、数组或引用。

② 如果数组或引用参数包含文本、逻辑值或空白单元格，则这些值将被忽略；但包含零值的单元格将计算在内。

（6）怎样确定使用“相对引用”还是“绝对引用”？

解答：在单元格的“相对引用”方式中，当生成公式时，对单元格或区域的引用是基于它们与公式单元格的相对位置，当将公式复制到新的位置时，公式中引用的单元格地址相对发生变化；如果引用的是特定位置处的单元格，不希望在复制公式的过程中引用发生变化，就要进行单元格的“绝对引用”，即在所引用的单元格的行号或列标前加“$”号来固定行或列。有些公式或函数中，可能要有“相对引用”和“绝对引用”的混合使用。

（7）使用函数的关键是什么？

解答：有两点是关键：函数的功能和格式。在“插入函数”对话框中，先选择要使用的函数所属的类别；再选定该类别下的一种函数，对话框中还列着有关该函数功能的帮助说明；确定后，在打开的对话框中，单击每个文本框，对话框下方都有关于该处的提示信息，据此填写内容。

4. 思考题

（1）“粘贴”中有哪些功能？

（2）“条件格式”有哪些作用？

（3）如何“套用表格样式”或“单元格样式”？

（4）如何进行“函数嵌套”？

（5）在什么情况下使用“公式”，在什么情况下使用“函数”？

（6）在本实验的“公式的编制”中，如果没有求出“总分”，而是直接计算“均分”，公式应该如何编制？

（7）如果在“函数的使用”中的第①步中引用的单元格不加“$”号，将该公式复制给下面的单元格时，会出现什么情况？

（8）为什么输入公式后会出现“#NAME?”的错误信息提示？

实验 15 Excel 中图表的使用

1. 实验目的

（1）掌握图表的插入、删除、修改等操作。

（2）学会编辑和格式化图表。

（3）了解不同类型图表的使用。

（4）学会使用“迷你图”。

2. 实验内容

从“计算”工作表中将“A3:K15”单元格中的内容复制到 sheet5 中，将该表重命名为“图表”。

（1）创建柱形图。

① 选定“B3:B15”和“E3:E15”两个不连续区域，插入一个“三维簇状柱形图”。

② 删除其中的图例，调整“绘图区”的大小。

③ 在“设置坐标轴格式”对话框的“对齐方式”中，将“文字方向”选择“堆积”。

④ 从“布局”选项卡的“标签”组中选择“坐标轴标题”，为两个坐标添加标题内容，并显示“数据标签”。

⑤ 只选定“要强”同学的图柱，将其填充色改为“红色渐变”效果，如图15-1所示。

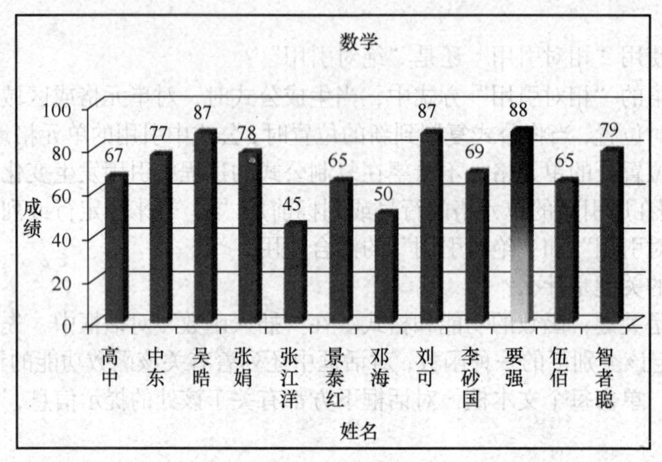

图15-1　柱形图

按下【Ctrl】键选择不连续区域，可以为不连续的单元格区域生成图表。但是所选定的非相邻单元格或区域拼在一起必须能够构成矩形。

可用鼠标移动并调整图表区、图形区、图例的大小，也可用鼠标移动标题，但不能调整大小。

⑥ 复制图表，将复制后的图表类型修改为“xy 散点”图中的“带平滑线和数据标记的散点图”。设置“数据系列格式”，将数据标记填充选择为“依数据点着色”项。

⑦ 复制上述散点图，在复制后的图表中增加一列数据“均分”，用于比较每位学生数学成绩与平均成绩的偏差。

（2）创建饼图。

① 选定“姓名”和“均分”两列，创建一个“分离型三维饼图”。将代表“要强”同学的饼图拖离出来，并填充为红色。

② 修改图表布局为“布局 1”，在图表中显示姓名和均分的值，再在“设置数据标签格式”对话框中将“标签包括百分比”选定，取消“值”选项。将标签的字体改为楷体。

③ 为“图表区”填充“图片或纹理填充”中的“信纸”。增加图表标题，输入内容并对字体进行格式设置。最终效果如图15-2所示。

插入图表后，可在“图表工具”中选择“设计”“布局”“格式”对图表进行相应操作。

（3）不同类型图表的搭配。

① 选定“姓名、数学、英语、计算机、体育、语文”及其数据所在的不连续单元格区域，插入一个“二维堆积柱形图”。

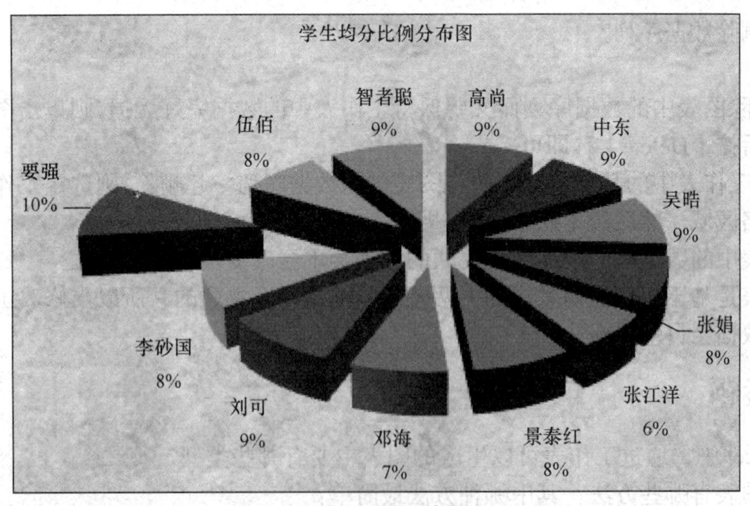

图 15-2　饼图效果

② 选定表示“数学”的柱形系列，将其更改为“折线图“。

③ 在“图表样式”中应用“样式 26”，并修改折线的粗细和颜色。

④ 在“图表布局”中选择“布局 9”，并设置“数据标签”居中显示，这样就可使每位学生每门课程的成绩显示在图表中。最终效果如图 15-3 所示。

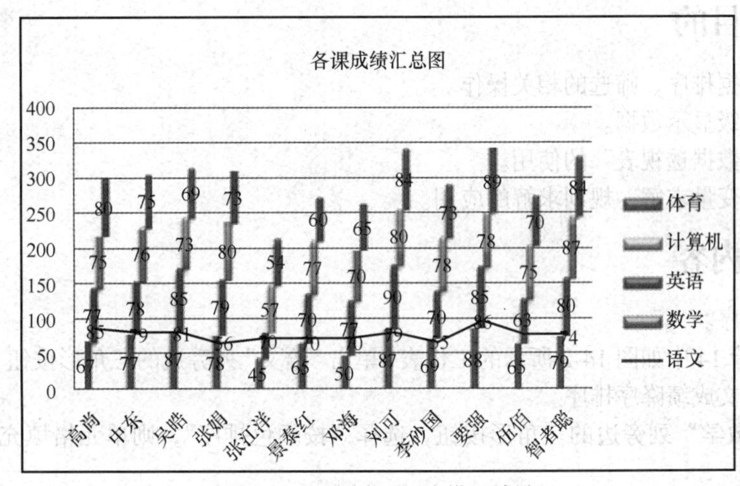

图 15-3　不同类型图表搭配效果

（4）迷你图。

① 选定“K4:K15”区域，插入“迷你图”中的“折线图”，“迷你图”的位置选择 K16 单元格。

② 标出“迷你图”中的最高点和最低点，将这两点的颜色设置为红色。

③ 将线条的粗细设置为 1.5 磅。

3. 问题解答

（1）“迷你图”的功能是什么？

解答：

“迷你图”是工作表格中的一个微型图表，可提供数据的直观表示。使用“迷你图”可以显示一系列数值的趋势，或突出最大值、最小值，在数据旁边放置“迷你图”可达到最佳效果。

（2）怎样删除数据序列？

解答：

① 若要删除图表中的数据序列而又要保持工作表中的数据完好无损，则单击图表中要删除的数据序列，然后按【Delete】键即可。

② 若要将工作表中的某个数据序列与图表中的数据序列一起删除，则选定工作表中的数据序列所在的单元格区域，然后按【Delete】键即可。

（3）工作表中的数据被修改后，相关联的图表会不会改变？

解答：图表是基于工作表而生成的，两者的数据是相互关联的，所以当修改工作表中的数据时，图表中的数据会自动更新。

4. 思考题

（1）在Excel中，通过工作表可以生成的图表主要有哪些类型？

（2）修改图表有哪些方法？其中哪种方法最简单？

（3）如果向单独的图表、工作表中添加数据，可否用复制和粘贴的方法？

实验16 Excel中数据的分析与管理

1. 实验目的

（1）掌握数据排序、筛选的相关操作。

（2）学会分级显示数据。

（3）学会“数据透视表”的使用。

（4）了解单变量求解、规划求解的应用。

2. 实验内容

（1）数据排序。

① 打开实验14中如图14-2所示的工作表，单击“语文”列旁边的三角形按钮，选择“降序”，整个表格可按语文成绩降序排序。

② 单击“数学”列旁边的三角形按钮，选择“按颜色排序”，则单元格填充色相同的排在一起。

③ 在“条件格式”工作表中，对“体育”成绩按照“单元格图标”中的向上箭头图标在顶端的方式排序。

④ 将“计算”工作表中的内容复制到sheet6中相应的位置。先按“计算机”成绩降序排列，该成绩相同时按“均分”降序排列。

选定“A3:N15”区域，在“排序”对话框中添加排序条件，“主要关键字”选“计算机”，次序选择“降序”；“次要关键字”选“均分”，次序选择“降序”，并选中“数据包含标题”。

（2）数据筛选。

① 单击“筛选”按钮，利用“简单筛选”，筛选出班级是“四班”的学生信息，在此基础上再筛选出“总分”大于等于400分的学生信息。

② 清除筛选的结果，并取消“自动筛选”按钮。

③ 利用“高级筛选”，筛选出“均分”大于等于80且小于90，或者“英语”成绩大于等于90，或者“语文”成绩大于等于90，或者“数学”成绩大于等于80的学生。筛选结果复制到表

格其他位置。

再进行一次“高级筛选”，筛选出“均分”“英语”“数学”成绩均大于等于 80 的学生。筛选结果复制到表格其他位置。

每个条件输入在对应的字段名下，同一行的所有条件之间是“与”的关系（见图 16-1 右图），不同行的条件之间是“或”的关系（见图 16-1 左图），一个单元格中只能输入一个条件。

均分	均分	英语	语文	数学
>=80	<=90			
		>=90		
			>=90	
				>=80

均分	英语	数学
>=80	>=80	>=80

图 16-1　“或”条件区域（左图）和“与”条件区域（右图）

（3）数据分级显示。

① 分组显示：选定“A4:N15”区域，创建组（按行）。用“分级显示”组中的按钮“隐藏明细数据”，观察表中的汇总数据。再分别选择“显示明细数据”“取消组合”，使表格恢复原状。

② 分类汇总：要求按“总评”分类，汇总方式为“计数”。先依据“总评”进行排序，再选定“A3:N15”区域进行“分类汇总”，设置如图 16-2 所示。结果如图 16-3 所示，会分类显示明细及汇总数据。单击窗口左上方的 1、2、3 按钮或折叠、展开按钮观察数据。

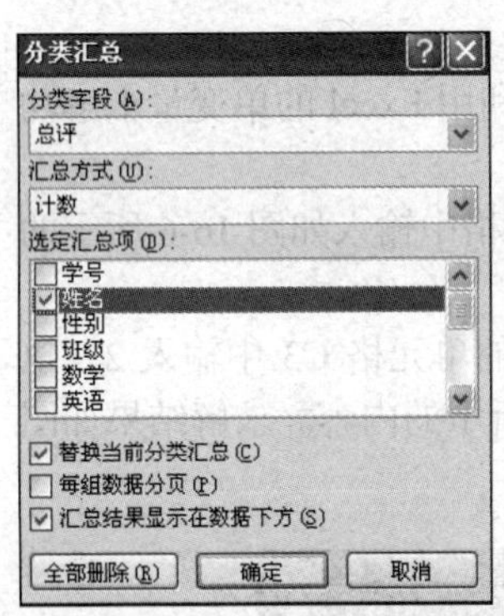

图 16-2　“分类汇总”对话框

	A	B	C	D	E	F	G	H	I	J	K	L	M	N
3	学号	姓名	性别	班级	数学	英语	计算机	体育	语文	总分	均分	排名	总评	奖学金等级
4	201201304	张娟	女	三班	78	79	80	73	66	376	75.2	7	良好	无
5	201201301	高尚	女	三班	67	77	76	80	86	386	77.2	5	良好	无
6	201201302	中东	男	三班	77	78	76	75	79	385	77	6	良好	无
7	201201303	吴晗	男	三班	87	85	73	69	81	395	79	4	良好	无
8		4											良好 计数	
9	201201404	李砂国	男	四班	69	70	78	73	68	358	71.6	8	一般	无
10	201201401	景泰红	女	四班	65	70	77	60	70	342	68.4	10	一般	无
11	201201406	伍佰	男	四班	65	63	76	70	78	352	70.4	9	一般	无
12	201201402	邓海	男	四班	50	77	70	65	70	332	66.4	11	一般	无
13	201201305	张江洋	男	三班	45	38	67	64	70	284	56.8	12	一般	无
14		5											一般 计数	
15	201201407	智者聪	女	四班	79	80	87	84	74	404	80.8	3	优秀	一等奖学金
16	201201403	刘可	女	四班	87	90	80	84	79	420	84	2	优秀	一等奖学金
17	201201405	要强	男	四班	88	86	78	89	96	437	87.4	1	优秀	一等奖学金
18		3											优秀 计数	
19		12											总计数	

图 16-3　分类汇总结果

在进行“分类汇总”操作前，首先要将数据列表进行排序，以便将要进行分类汇总的记录组合到一起。

③ 单击左窗口的第 2 层按钮，只显示出汇总行的数据，选择 B8:B19 和 M8:M19 两个区域，按下【Alt+;】（英文标点的分号），然后执行复制操作，进入一张新工作表中粘贴，结果如何？如果选定后直接复制→粘贴，结果又如何？

（4）数据透视表。

① 要求汇总各班级中不同总评结果下各等级奖学金的人数。选定“计算”工作表中的“A3:N15”单元格区域，插入“数据透视表”，并将其放置在一张新工作表中。按照题意要求，透视表中各区域字段的选择如图 16-4 所示，并在“计算”菜单组中的“按值汇总”中选择“计数”项。透视的结果如图 16-5 所示。

② 为该透视表区域加所有框线，根据需要对其进行类似普通工作表一样的格式设置，将工作表重命名为“数据透视表”。

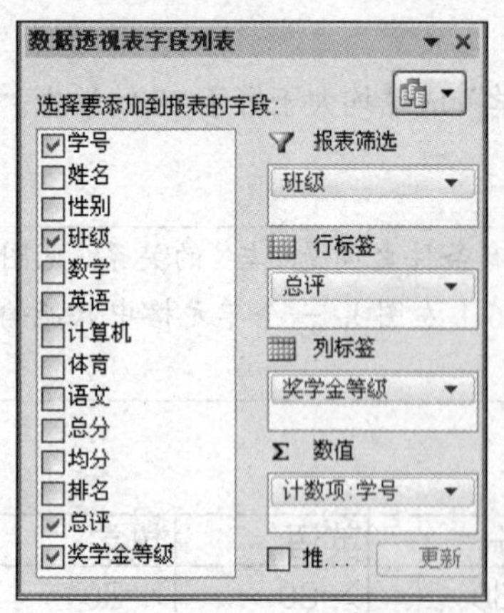

图 16-4　数据透视表字段选择

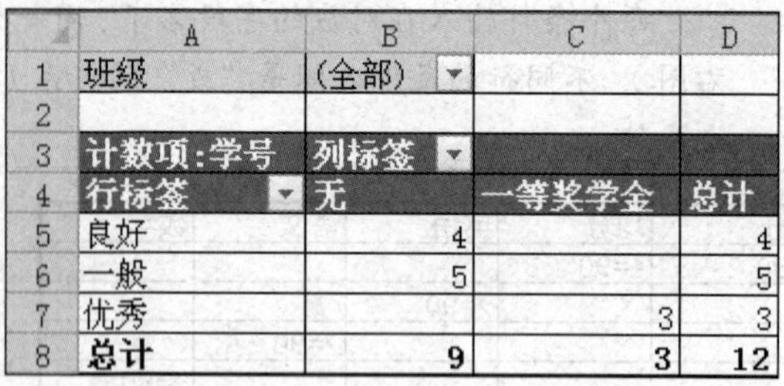

	A	B	C	D
1	班级	(全部)		
2				
3	计数项:学号	列标签		
4	行标签	无	一等奖学金	总计
5	良好	4		4
6	一般	5		5
7	优秀		3	3
8	**总计**	**9**	**3**	**12**

图 16-5　数据透视表

③ 为透视表插入“切片器”，切片依据的字段为“性别”，可查看不同性别的数据情况。

④ 生成数据透视图：选定透视表中某单元格后，从“工具”组中插入“数据透视图”，类型为“簇状圆柱图”。在图表中对不同字段进行不同筛选，动态观察图表显示内容。

对于同一个操作要求，Office 2010 提供有多种操作途径，可从各个选项卡的各组中选择工具，也可从快捷菜单中选择，有时还提供一些快捷工具按钮。

（5）单元变量求解。

要求：对于一个函数 $z=3x+4y+1$，要计算当 $z=21$，$y=2$ 时 x 的值，利用 Excel 的单变量求解功能可以实现。

① 在上述工作簿中再插入一张工作表，表名为“高级应用”。向表格中输入如图 16-6 所示的内容。

② 在目标单元格 C2 中输入函数的表达式，并向变量 y 的值所在的单元格 C3 中输入 2，执行“工具”菜单下的“单变量求解”命令，在对话框中添加如图 16-7 所示的内容。求解结果如图 16-8 所示。

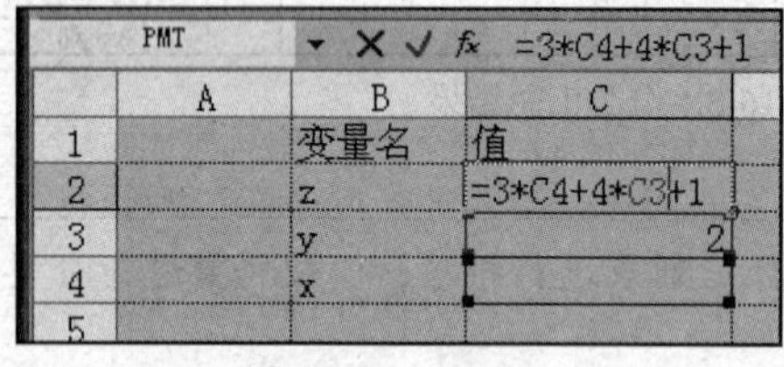

	A	B	C
1		变量名	值
2		z	=3*C4+4*C3+1
3		y	2
4		x	
5			

图 16-6　工作表

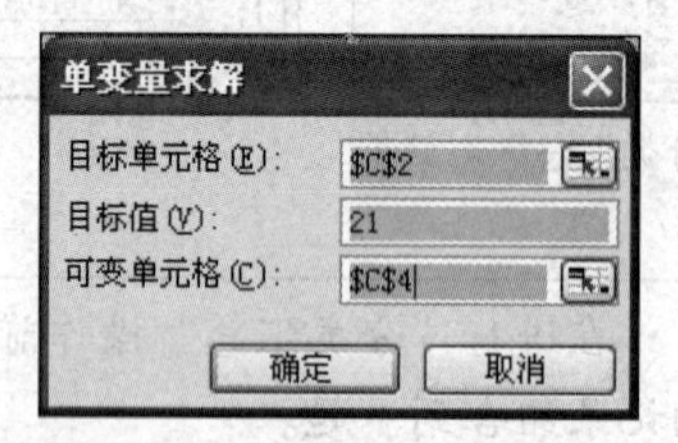

图 16-7　“单变量求解”对话框

③ 如图 16-9 中所示的可变单元格 C4 中的值就是本题的解。当改变单元格 C3 中的值时，C4 单元格中的值会相应变化。

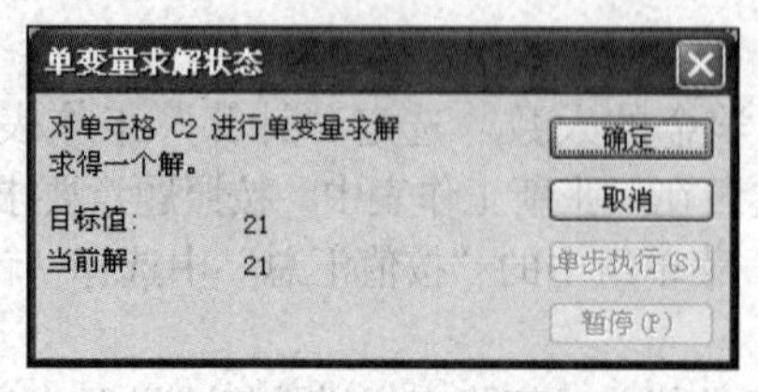

图 16-8　“单变量求解”结果对话框

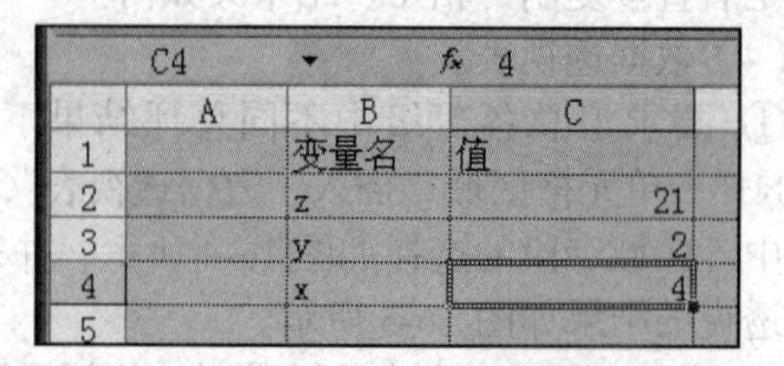

	A	B	C
1		变量名	值
2		z	21
3		y	2
4		x	4
5			

图 16-9　求解结果

（6）规划求解。

仿照教材中的实例进行练习。

（7）页面设置。

① 为“基本表”添加背景图片。

② 页面打印方向为“横向”，选择一种预设的页边距，并要求表格整体“水平”居中。

③ 页脚处插入日期及文件名，适当修改页脚格式。

④ 进行打印预览。

3. 问题解答

（1）切片器的功能是什么？

解答：可再依据其他字段浏览数据透视表中的数据。

（2）在进行“高级筛选”时，如果不想筛选重复的记录，该怎么办？

解答：在对数据列表进行“高级筛选”时，若不想筛选重复的记录，可在“高级筛选”对话框中，选中“选择不重复的记录”复选框。

（3）使用“分类汇总”可以实现什么功能？

解答：使用 Excel 的“分类汇总”可以实现以下功能。

① 创建数据组。

② 在数据列表中显示一级组的分类汇总及总和。

③ 在数据列表中显示多级组的分类汇总及总和。

④ 在数据列表中执行不同的计算。

（4）如何实现不同的汇总显示？

解答：选定某单元格，快捷菜单中选择“值字段设置”命令，在弹出的对话框中，“汇总方式”的“计算类型”列表中重新选择一种汇总方式即可。

4. 思考题

（1）在什么情况下需要使用“高级筛选”功能？进行“高级筛选”的操作和“简单筛选”的操作有什么不同？

（2）怎样清除建立的“分类汇总”？

（3）表字段中如果有“合并单元格”的操作，能否进行排序？

（4）打印工作表中相关内容时应该注意什么？

（5）如何通过“自定义序列”进行排序？

实验 17　演示文稿的设计与制作

1. 实验目的

（1）学会建立演示文稿、插入不同版式的幻灯片的方法。

（2）学会向演示文稿中添加各种对象。

（3）利用母版、模板、背景等快速修改演示文稿。

（4）掌握演示文稿的美化技巧。

2. 实验内容

本实验与下一个实验结合设计一个毕业生个人应聘演示文稿。

（1）创建演示文稿。

① 新建空白的演示文稿，单击加入第一张幻灯片。在标题占位符处单击并输入标题文本：***个人资料（将*换成自己的名字）。将该文字格式化为黑体、48号、黑色、加粗、文字阴影。在副标题占位符处输入：为应聘工作提供，将该文字格式化为华文楷体，24号。

② 新建幻灯片，选择“标题和内容”版式，在标题占位符中输入：目录。文本处输入如图17-1所示的内容，可在幻灯片编辑窗格或大纲窗格中输入。

若在大纲窗格中的“目录”文字后面按下回车键后，产生了一张新幻灯片，可单击鼠标右键图标，执行快捷菜单中的“降级”命令，使级别降为文本。

③ 新建幻灯片，选择“标题和内容”版式。添加标题内容为“个人基本信息”，单击内容框中的表格占位符，插入一个5行4列的表格，为表格应用一种样式。利用“表格工具”的“布局”中调整表格尺寸到合适大小，向其中输入如图17-2所示的内容并修改内容格式。

表格中需要合并某些单元格，调整列宽，将内容中部居中，插入Office剪贴画。

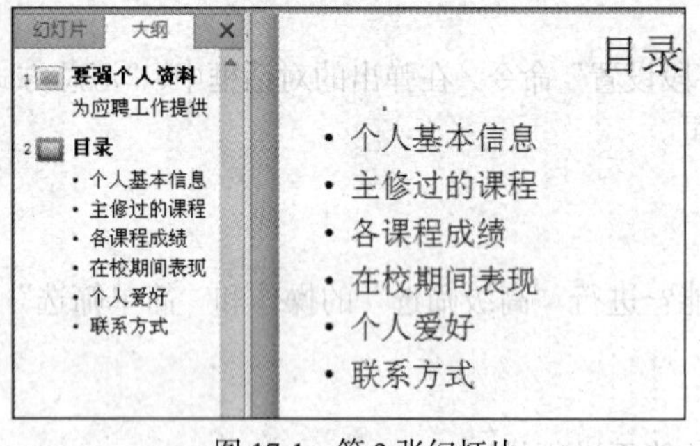

图17-1　第2张幻灯片

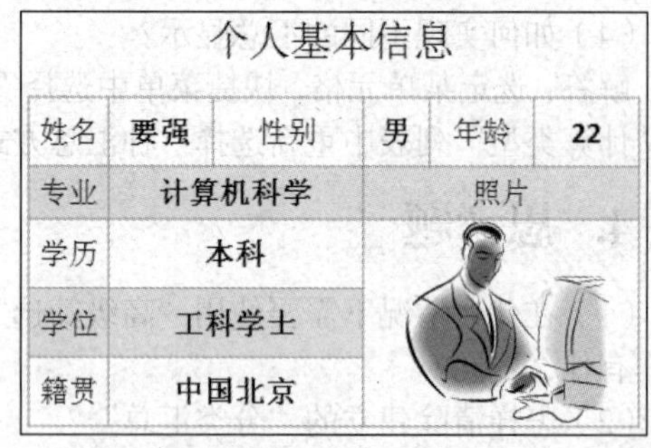

图17-2　第3张幻灯片

④ 新建幻灯片，选择“内容与标题”版式。仿照图17-3输入标题和内容，并修改格式。单击右框中“插入SmartArt图形”占位符，选择“关系”组下的“分组列表”，样式选择“金属场景”，更改颜色为“彩色填充-强调文字颜色6”，然后向图形中输入如图17-3所示的内容。

SmartArt图中的其他方面可从其设计和格式中按自己意愿进行设置。

⑤ 新建幻灯片，选择“两栏内容”版式。添加主标题内容为“各课程组平均成绩”，单击左栏中表格占位符，插入一个3行2列的表格，表格样式套用“浅色样式3-强调6”，输入如图17-4所示的内容。单击右栏中图表占位符，插入一个“三维分离型饼图”，在打开的Excel环境中将已有数据用左栏表中内容替换，适当调整数据区域。将生成的图表中的图例位置调整到图表下方。

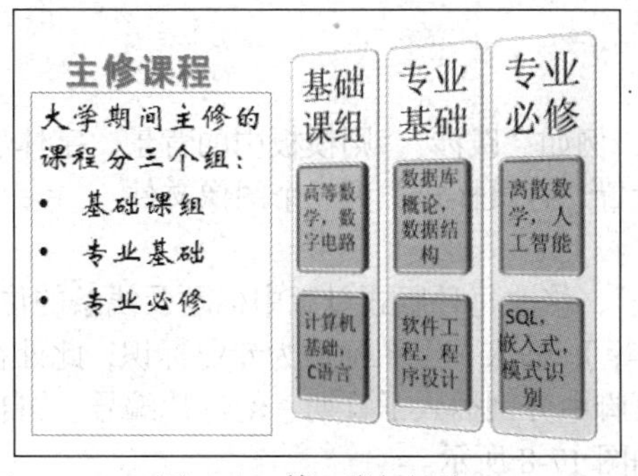

图 17-3 第 4 张幻灯片

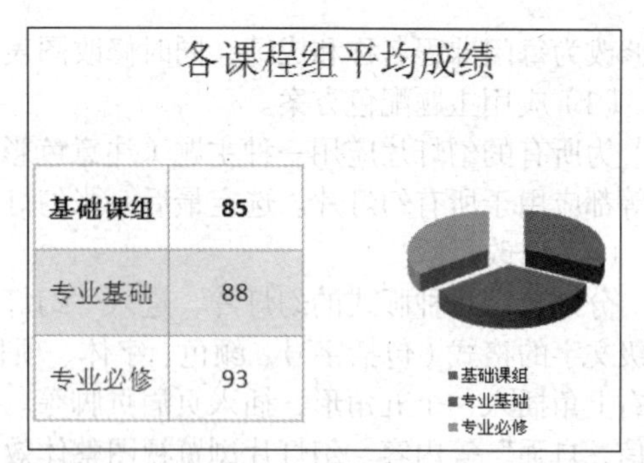

图 17-4 第 5 张幻灯片

图表中的数据可以在此处直接生成，也可先在 Excel 中做好后复制过来，还可以对图表按自己的意愿进行各方面的修改。

⑥ 新建幻灯片，选择“标题和内容”版式。添加标题内容为“在校期间表现”，单击内容框中的 SmartArt 占位符，选择“循环”中的“连续循环”，样式选择“三维嵌入式”，更改颜色为“彩色填充-强调文字颜色 6”，输入如图 17-5 所示的内容。

⑦ 新建幻灯片，选择“仅标题”版式或“标题和内容”版式。标题文本内容为“个人爱好”，向其中插入一些代表自己爱好项目的图片或动画，并分别用 5 次“艺术字”添加相应文字，再插入一个音频文件。效果如图 17-6 所示。

此幻灯片中可插入动画或图片，也可用自选图形添加文字说明爱好项目。

⑧ 最后新建空白版式的幻灯片，插入一种形状如心形，修改形状的样式、轮廓等，并输入内容。再插入文本框，输入住址、电话、电子邮箱等联系方式及相应符号，具体如图 17-7 所示。

用一个自选图形代替标题更显温馨。利用“插入”选项卡下的“符号”中的“wingdings”插入其中的相应符号。

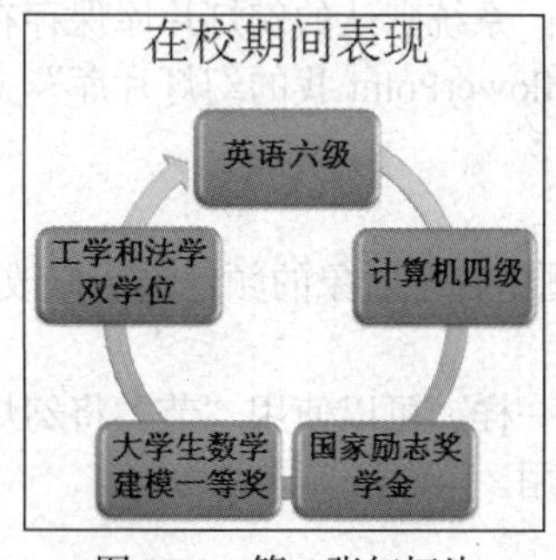

图 17-5 第 6 张幻灯片

图 17-6 第 7 张幻灯片

图 17-7 第 8 张幻灯片

（2）编辑幻灯片。

① 新增节。光标在第 6 张幻灯片前，执行命令“新增节”，将整个文稿分为两节。节名称分别为“基本信息”、“特殊信息”。

② 复制幻灯片。将第 5 张幻灯片复制到其后，修改其中标题为“各课程成绩”，将表格中内

容修改为每门课程名称和成绩，同时修改图表内容。

（3）应用主题配色方案。

为所有的幻灯片应用一种主题（注意色彩搭配），例如“跋涉”，则模板中的背景、字体、颜色等都应用于所有幻灯片。选定最后一张幻灯片，设置“背景样式”为一个图像文件。

（4）修改母版。

分别选定每种版式的幻灯片，进入“幻灯片母版”，修改每种版式母版中标题及线条的位置，各级文字的格式（包括字号、颜色、字体、项目符号等），插入一个图标做为专业标识，此处在母版右上角插入一个五角形，插入页眉页脚等。此处页脚中分别插入了日期、幻灯片编号、“自立、自信、自强”等内容。幻灯片浏览视图整体效果，如图 17-8 所示。

在应用模板与母版或背景时，要注意颜色的整体搭配效果。

保存该文件，文件名为“应聘文件”。

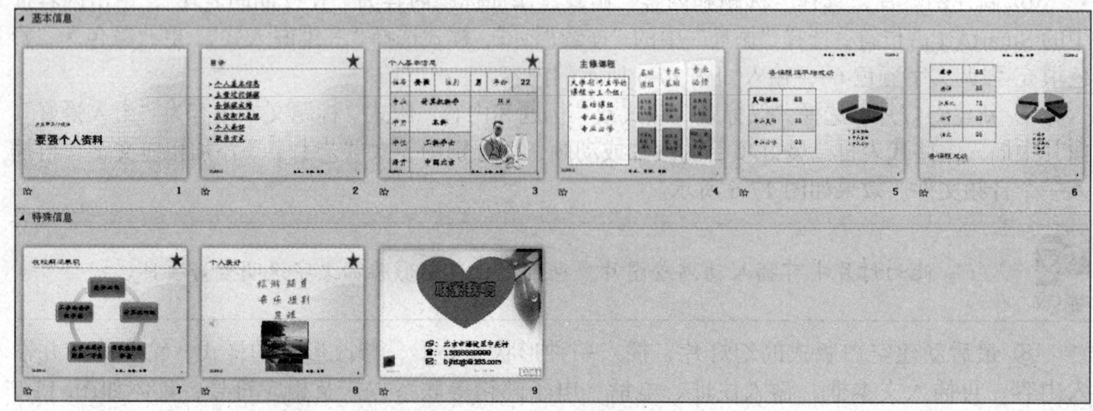

图 17-8　幻灯片浏览视图

3. 问题解答

（1）发布幻灯片的作用是什么？

解答：发布幻灯片是将其保存到幻灯片库中以备其他文稿使用。系统默认的幻灯片库保存在“C:\Documents and Settings\Administrator\Application Data\Microsoft\PowerPoint\我的幻灯片库”文件夹中。

（2）如何精确设置主题中的颜色？

解答：利用“颜色”下拉列表中的“新建主题颜色”，可对某主题中各个对象的颜色进行修改。

（3）“节”的功能是什么？

解答：使用“节”可以组织幻灯片，就像使用文件夹组织文件一样，可以使用“节”将幻灯片按不同内容或目的分为多组，并且对“节”的操作也非常方便实用。

4. 思考题

（1）幻灯片中什么位置的文本不出现在大纲视图中？

（2）如何调用自定义的模板新建演示文稿？

（3）如何利用大纲窗格插入新幻灯片？

实验 18　演示文稿的动画与放映设置

1. 实验目的

（1）学会利用动画方案和高级动画，设置对象进入、强调、退出等方面的动画。
（2）了解各种声音文件的插入与播放设置。
（3）初步掌握超级链接的应用。
（4）熟悉设置幻灯片切换的效果，放映和控制幻灯片的方法。

2. 实验内容

打开上一个实验所创建的演示文稿。

（1）为各张幻灯片的对象添加动画效果。

① 为第一张幻灯片标题添加动画为“强调”中的“加粗闪烁”，“持续时间”设置为 03.00s，在“动画窗格”中将“开始动作”选择为“从上一项开始”。副标题添加动画为“进入”中的“淡出”，并设置动画开始于“上一动画之后”。

② 为第二张幻灯片的内容添加动画“缩放”，“效果选项”中选择“幻灯片中心”、“按段落”，动画开始于“上一动画之后”，“持续时间”为 01.00s。

③ 为第三张幻灯片的表格添加“进入”中的“盒状”，“效果选项”中方向选“缩小”；为图片对象添加“擦除”动画，“效果选项”中方向“自右侧”。

④ 为第四张幻灯片左栏文本框添加“退出”动画中的“擦除”，在“效果选项”中，方向选“自右侧”，“序列”选“作为一个对象”。为右栏的 SmartArt 对象添加“进入”中的“飞入”动画，方向选“自右侧”，“序列”选“作为一个对象”，开始于“上一动画之后”，延迟时间 00.50s。

⑤ 为第五张幻灯片右栏图表对象添加“进入”中的“轮子”动画，“效果选项”选择“2 轮辐图案”，“序列”选“按类别”，持续时间 03.00s。第六张幻灯片动画仿照此设置。

⑥ 为第七张幻灯片中的 SmartArt 对象添加“进入”中的 “轮子”动画。

⑦ 对于第八张幻灯片，首先为插入的音频文件设置动画效果，具体设置如图 18-1 所示。

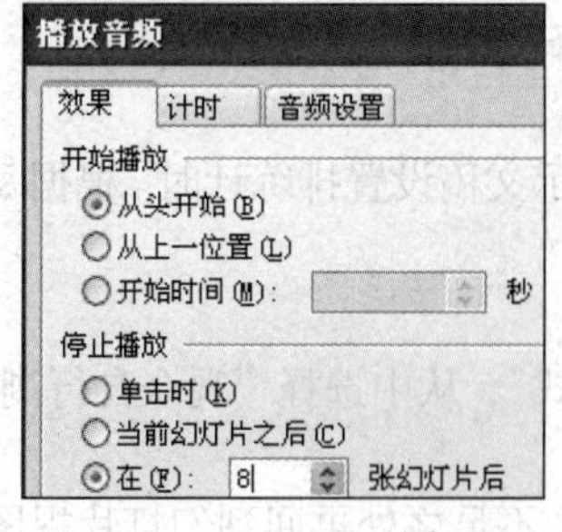

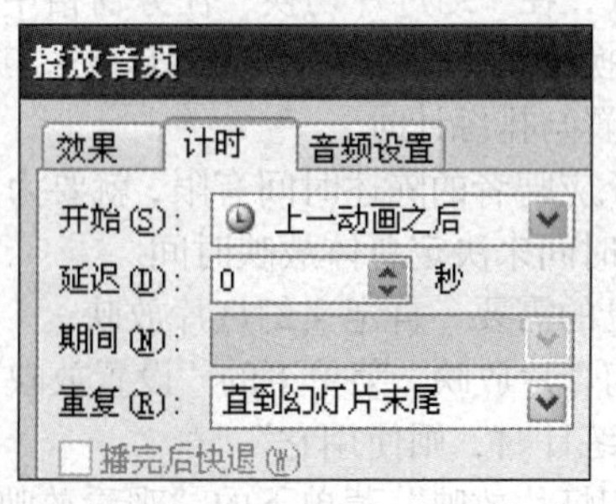

图 18-1　音频文件动画设置

然后将原来的所有图片叠加在一起，为每一张图片及其对应的文字描述分别添加“动作路径”中的某种路线，让每张图片移动到某一位置，文字的动作设置为“从上一项之后开始”。设置后的效果如图 18-2 所示。

⑧ 为第九张幻灯片中的形状添加“强调”动画中的“彩色脉冲”，选择一种颜色；为文本框

对象添加“强调”动画中的“画笔颜色”，选择画笔颜色，“序列”中选“按段落”，开始于“上一动画之后”。

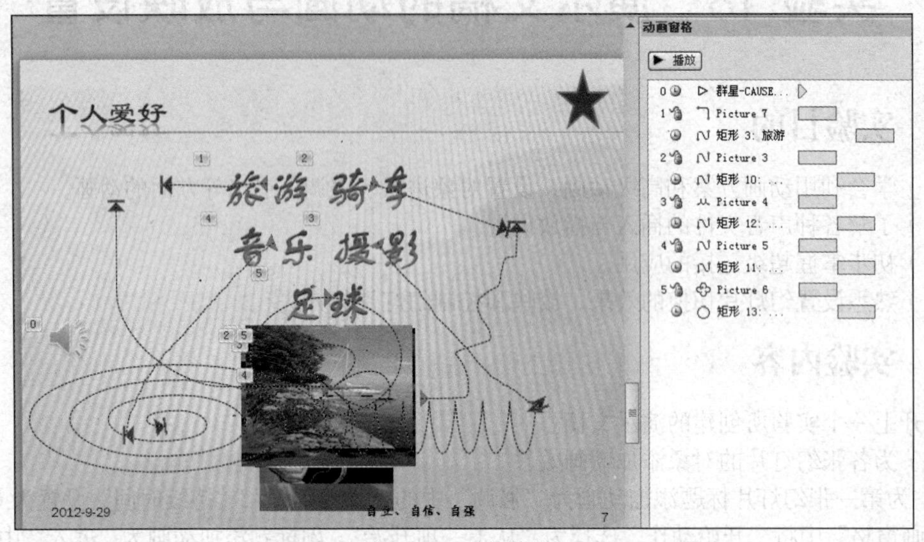

图 18-2　动作路径

当然可以根据自己的想法对动画进行设置。

提示　如果要删除某动画效果，可在动画列表中选定该动作后，单击“删除”即可。可以用预设的动作路径，或绘制自定义路径，然后修改路径的起始位置及方向。

（2）应用超级链接。

① 选定第二张幻灯片中的每一行文字，分别应用“超级链接”链接到后面相应的幻灯片上。

② 在最后一张幻灯片中插入一个返回首页的动作按钮，并链接到第一页。依自己的爱好适当修改该按钮的大小、位置、颜色等。

（3）设置幻灯片切换效果。

先在“切换”选项卡中选择“揭开”换片方式，并“全部应用”。再选定第一张幻灯片，选择“闪光”换片方式，在“幻灯片切换”任务窗格中选择“顺时针回旋，4根轮辐”的切换方式，选择一种合适的切换速度。选定最后一张幻灯片，选择“切换”的切换方式。

（4）放映设置与排练计时。

① 如果每个应聘者的陈述时间有限，就要为演示文稿设置排练计时。根据每张幻灯片内容的多少和讲解所用时间来决定总体放映时间。

② 根据自己的需要，自定义幻灯片放映。

③ 执行“幻灯片放映”菜单下的“设置放映方式”，从中选择“观众自行浏览”，换片方式选择“如果存在排练计时，则使用它”。

④ 执行“幻灯片放映”菜单下的“观看放映”，不足之处再回到幻灯片视图中修改。

⑤ 录制幻灯片演示。

放映时可用“荧光笔”、“墨迹颜色”等。

（5）保存并打包文件。

① 将该文件另存为PDF格式的文件。

② 执行“文件”菜单下的“保存并发送”，用“将演示文稿打包成CD”命令，嵌入字体，

将文稿打包到文件夹中。

③ 再将文件另存为放映文件。

3. 问题解答

（1）如何制作星光闪闪的效果？

解答：使用 PowerPoint 可以制作出满天星光不停闪烁的效果，首先在幻灯片中绘制多个星形，然后同时选中不相邻的若干星形，添加“强调”命令中的“闪烁”命令，在“自定义动画”任务窗格中选择“计时”命令，在“闪烁”对话框的“计时”选项卡中设置动画播放的时间控制，按照上面的方法设置其他星形的动画。

（2）在幻灯片切换时可以设置两种换片方式吗？

解答：在“幻灯片切换”任务窗格中，“换片方式”包括两种，可以同时设置两种换片方式，同时选中两个复选框，表示在所设置的时间内单击即可切换幻灯片，到所设置的时间后将自动切换幻灯片。

4. 思考题

（1）如何控制幻灯片中的对象播放动画的先后顺序？

（2）如何设定在单击其他对象时开始播放声音？

（3）没有安装 PowerPoint 时怎样观看幻灯片？

实验 19　Access 中表和数据库的操作

1. 实验目的

（1）学习建立和维护 Access 数据库的一般方法。

（2）基本熟悉 SQL 中的数据更新命令。

2. 实验内容

（1）创建数据库。

创建一个名为 Test1 的数据库，在其中建立表 Teachers，其结构如表 19-1 所示，内容如表 19-2 所示，主键为教师号。

表 19-1　Teachers 表字段类型

字段名称	字段类型	字段宽度
教师号	文本	6 个字符
姓名	文本	4 个字符
性别	文本	1 个字符
年龄	数字（字节类型）	
参加工作年月	日期/时间	
党员	是/否	
应发工资	货币	
扣除工资	货币	

表19-2 Teachers 表记录

教师号	姓名	性别	年龄	参加工作年月	党员	应发工资	扣除工资
100001	李春辉	男	35	2003-12-28	no	3202	220
200001	王强	男	34	2002-1-21	yes	2424	190
100002	陈英	女	44	1995-10-15	yes	1651	130
200002	樊二平	男	36	2006-4-18	yes	2089	160
300001	范君	男	33	2004-2-3	no	2861	200
300002	刘红	女	45	1995-7-23	no	1821	150

具体步骤如下。

① 启动 Access 2010，新建数据库“Test1”。

② 切换到“创建”选项卡，单击“表格”组中的“表设计”按钮，进入表的设计视图。

③ 在“字段名称”栏中输入字段的名称；在“数据类型”选择该字段的数据类型。

④ 用同样的方法，输入其它字段名称，并设置相应的数据类型。

⑤ 选择要设为主键（能唯一标识一条记录的字段）的字段，在“设计”选项卡的“工具”组中，单击“主键”按钮，即可将其设为主键。

⑥ 在图的下半部分“常规”选项卡中可以定义字段的字段大小、格式、小数位数、掩码、标题、默认值、有效规则、必需、索引等参数如图19-1所示。

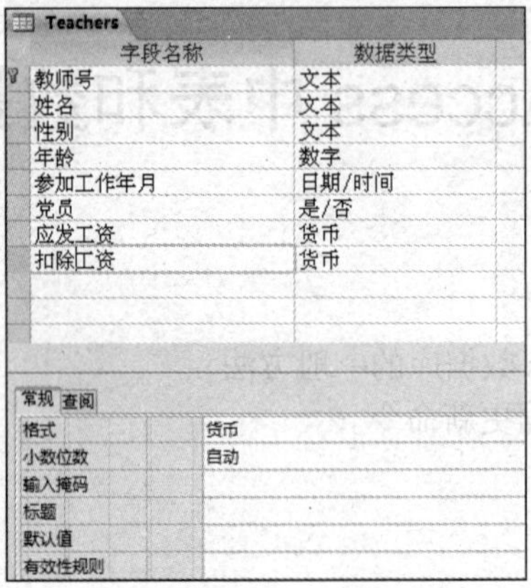

图19-1 Teacher 表设计

⑦ 在该表的数据表视图下将数据输入即可。

（2）根据表19-3的内容，确定表 Students 的结构，并在 Test1 数据库中创建该表。

表19-3 Students 表记录

学号	姓名	性别	教师号	分数
10001	李学敏	女	200002	90
10002	张伟	男	100001	78
10101	刘文强	男	200001	80
10102	刘红杰	男	100001	73
10103	朱学芳	女	200002	94
20001	赵磊	男	100002	88
20002	高飞	女	200002	70
20003	张宇	女	100002	84

（3）将表 Teachers 复制为 Teachers1 和 Teachers2。

右键单击要复制的表，在快捷菜单中选择“复制”命令，在适当位置单击鼠标右键，在弹出的快捷菜单中选择“粘贴”命令即可。

（4）修改表 Teachers1 的结构。

① 将“姓名”的字段大小由 4 改为 6。

② 添加一个新的字段：职称，数据类型选“文本型”，字段大小为 4，并为表中各个记录输入合适的职称信息。

③ 将“党员”字段移到“参加工作年月”字段之前。

打开表的设计视图，即可改变个字段的类型，也可添加新字段，若要移动字段位置选中字段按住鼠标左键拖动到合适的地方即可。

（5）导出表 Teachers2 中的数据，以文本文件的形式保存，文件名为 Teachers.txt。

选定表 Teachers2，选择“外部数据”→“导出”命令，按提示进行操作。

（6）观察文件 Teachers.txt 的数据结构，用“记事本”程序建立 New1.txt，在其中输入下面两条教师信息，最后通过导入的方法将数据导入到表 Teachers2 中。

400001 张璐 女 35 1978/07/16 no 2760 190
400002 吴杰 男 42 1971/11/19 no 2120 150

（7）导出表 Teachers2 中的数据，以 Excel 数据薄的形式保存，文件名为 Teachers.xls。

（8）观察文件 Teachers.txt 的数据结构，在 Excel 中建立 New2.xls，在其中输入下面两条教师信息，最后通过导入的方法将数据导入到表 Teachers2 中。

500001 赵亮 男 33 1980/07/19 yes 2800 200
500002 李楠 男 28 1985/03/14 yes 2600 180

3. 问题解答

（1）用数据表视图打开刚刚建好的表时，系统是以默认的表的布局显示索引的行和列的，有可能限制了显示效果，一些数据不能完全显示出来，如何来调整行高和列宽呢？

解答：

① 第一种方法是用鼠标拖动，将光标放在数据表左侧（上端）任意两行或列的空隙间，当光标变为十字形状时，拖动鼠标至合适的行高或列宽释放鼠标即可。

② 第二种方法是精确设定。选定需要调整的行或列，单击鼠标右键，从快捷菜单中选择“行高”或“列宽”在打开的对话框中输入精确的数值来进行调整。

（2）在数据库表中，有时为了突出两列数据的比较，或者在打印数据表时临时不需要某些列的内容，如何把它们隐藏起来，需要时再恢复显示呢？

解答：

① 隐藏列。打开表，选中要隐藏的列，单击鼠标右键，从快捷菜单中选择“隐藏列”选项则可把整列隐藏。

② 显示被隐藏的列。当需要把隐藏列重新显示时，单击鼠标右键，从快捷菜单中选择“取消隐藏列”，在对话框列出的字段名前的方框中打上“☑”的，表示这个字段的那一列正在显示，如果没有打“☑”的，则说明该列已被隐藏。

（3）如何利用“实施参照完整性”创建表关系？

解答：在建立表之间的关系时，窗口上有一个复选框“实施参照完整性”，选中它之后，“级联更新相关字段”和“级联删除相关字段”两个复选框就可以用了。

如果选定“级联更新相关字段”复选框，则当更新父行（一对一、一对多关系中“左”表中的相关行）时，Access 就会自动更新子行（一对一、一对多关系中的“右”表中的相关行）；选定“级联删除相关字段”后，当删除父行时，子行也会跟着被删除。而且当选择“实施参照完整性”后，在原来折线的两端会出现符号“1”或“OO”，在一对一关系中符号“1”在折线靠近两个表端都会出现，而当一对多关系时符号“OO”则会出现在关系中的右表对应折线的一端上。

4. 思考题

（1）如何将数据库中的表导出为文本文件？

（2）如何将表的字段冻结和隐藏？

（3）如何将两个字段设置为主键，并保存？

（4）是不是每一张表都必须有且只有一个主键，它可以是多个字段的组合吗？

实验 20　Access 中各对象的操作

1. 实验目的

（1）基本掌握 Access 中创建查询的方法。

（2）了解查询中的计算。

（3）熟练创建窗体的方法。

（4）熟练创建报表的方法。

2. 实验内容

（1）使用“简单查询向导”创建查询。

① 打开“Test1”数据库，单击“创建”选项卡下“查询”组中的“查询向导”按钮。

② 在“简单查询向导”对话框中选择表或查询，并将“可用字段”列表框中的字段都添加到“选定字段”列表中。

③ 单击“下一步”按钮，在弹出的对话框中选中“明细（显示每个记录每个字段）”单选按钮。

④ 单击“下一步”按钮，在弹出的对话框中输入查询的标题。

⑤ 单击“完成”按钮，创建简单查询。

（2）创建窗体。

① 打开“Test1”数据库以及所需的表，单击功能区“创建”→“窗体”→“窗体向导”。

② 弹出“窗体向导”对话框，在“可用字段”列表框中选择所需字段，单击“→”按钮，即可将该字段添加至“选定字段”类表框中，单击“下一步”按钮。

③ 弹出“请确定窗体使用的布局”对话框，选中需要布局的单选按钮。

④ 在弹出的对话框中输入窗体名称，单击“完成”按钮。

⑤ 返回操作界面即可看到创建的纵栏式窗体。

（3）窗体中数据的操作。

创建窗体后，对窗体中的数据进行添加、删除、修改、查找、排序和筛选等进一步的操作。

① 数据的添加。单击窗体底部的▶*按钮，先添加一条空白记录，然后输入新记录的数据。

② 数据的修改。单击要修改的记录字段，把光标定位到要修改的地方，直接修改即可。

③ 数据的删除。选定要删除的记录，然后单击功能区“开始”→“记录”的✕删除按钮。如果该记录与其他表或查询相关联，由于要保持表的完整性，Access会弹出提示不可修改的对话框。

④ 数据的查找。单击功能区“开始”→“查找”单击按钮，弹出“查找和替换”对话框，在对话框里设定查找内容、查找范围等，如图20-1所示。单击“查找下一个”按钮查找到想要得到的记录。

图20-1 “查找和替换”对话框

⑤ 数据的排序。根据分数对“Students”表窗体中的数据按“升序”的顺序进行排列。

⑥ 数据的筛选。单击功能区“开始”→“排序和筛选”的“筛选器”按钮，将“Students”表对应窗体中“性别=女”的数据记录筛选出来。

（4）使用向导创建报表。

① 打开要创建报表的数据库Test1，单击功能区“创建”按钮，然后单击“报表”按钮，再单击“报表向导”，打开“报表向导”对话框，在“表/查询”中列出了当前数据库中包含的表和查询。

② 选择要使用的表“Students”，然后选择要添加到报表中的字段，如图20-2所示。

③ 如果还需添加其他表中的字段，重复上述步骤，在“表/查询”下拉列表中选择其他表即可。

④ 单击“下一步”按钮，选择要查看的数据的方式。

⑤ 单击“下一步”按钮，选择是否为报表数据进行分组，如图20-3所示。

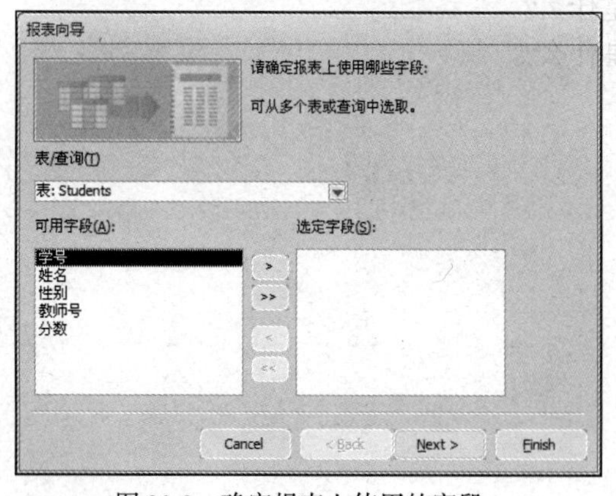

图20-2 确定报表上使用的字段

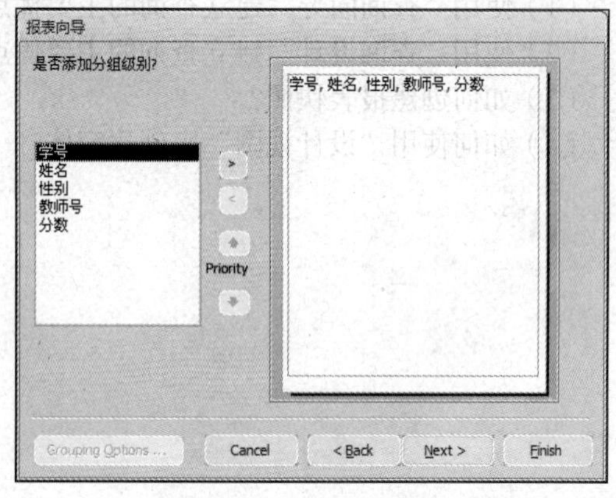

图20-3 分组级别设置

⑥ 单击“下一步”按钮，进入如图20-4所示界面，选择报表中的数据以哪个字段进行排序，然后单击“下一步”按钮。

⑦ 进入图20-5所示界面,选择报表的布局方式，然后单击“下一步”按钮。

⑧ 进入设置报表标题界面，还可以进行报表外观修改和内容修改。

⑨ 单击“完成”按钮，在打开的窗口中显示了创建的报表，以后可以单击状态栏中的“设计视图”按钮进入报表视图修改报表。

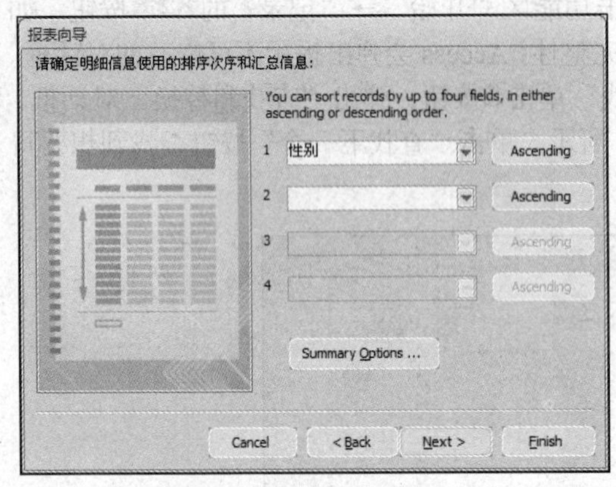

图 20-4 确定记录的排序次序

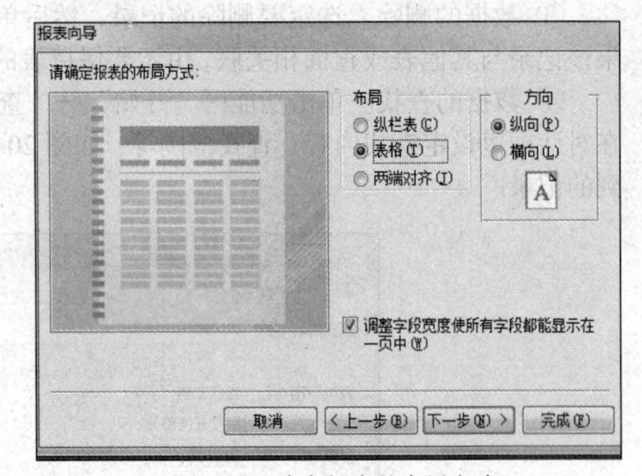

图 20-5 确定报表的布局方式

3. 问题解答

（1）如何调整窗体标签的位置和大小？

解答：给窗体添加标签之前，首先需要把窗体中所有控件都向下移，为标签空出一个适当的空间。单击一个控件，然后按住键盘上的“Shift”键，并且继续用鼠标单击其他控件，选中所有这些控件以后，将鼠标稍微挪动一下，等鼠标的光标变成一个张开的手的形状时，单击“工具箱”对话框上的“标签”按钮，然后把窗体中所有控件都向下移。

（2）查询中的计算如何进行？

解答：“查询”所显示的字段既可以是“表”或“查询”中已有的字段，也可以是这些字段经过运算后得到的新字段。利用“表达式生成器”编辑查询表达式，建立字段表达式。

4. 思考题

（1）使用“查询向导”建立查询的主要优点是什么？

（2）使用“查询设计”建立查询的主要优点是什么？

（3）如何创建报表快照？

（4）如何使用“设计视图”来创建窗体？

第二部分 综合训练

综合训练 1　Win 7 操作系统的常用设置

1. 训练目的

（1）熟悉 Win 7 操作系统的分区功能。

（2）熟悉 Win 7 操作系统的实用设置。

2. 训练内容

（1）Win 7 操作系统的分区。

Win 7 操作系统自带有压缩卷功能分区，具体操作步骤如下。

第 1 步：单击桌面右下角的“开始”菜单，找到“计算机”，单击鼠标右键选择“管理”，如图 z1-1 所示。弹出“计算机管理”窗口。

第 2 步：在“计算机管理”窗口左侧，选择“存储”中的“磁盘管理”，如图 z1-2 所示。在右侧能看到本机相对应的硬盘分区，默认情况下先可以看到 3 个分区，第 1 个没有盘符，为系统存放启动信息的分区，第 2 个分区为当前系统分区 C，第 3 个分区为系统的服务分区 Q。请只对 C 盘进行操作。

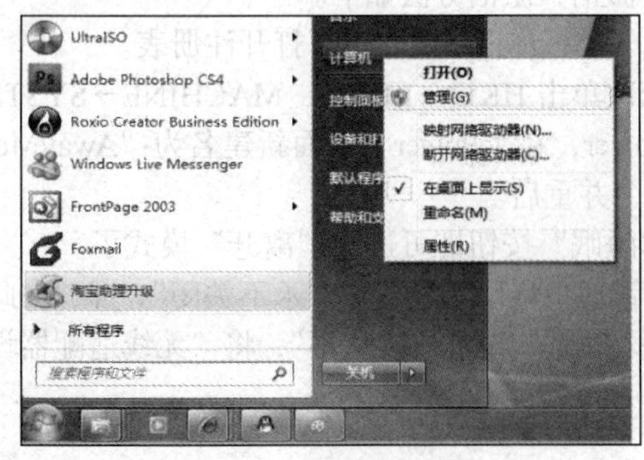

图 z1-1　开始菜单界面

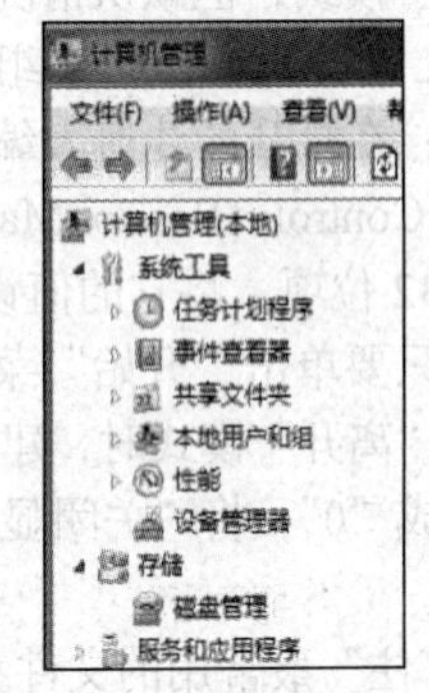

图 z1-2　计算机管理窗口

第 3 步：找到 C 盘，单击鼠标右键选择“压缩卷”，等待计算机自动压缩 C 盘空间，自动压缩完成后会有确认窗口，如图 z1-3 所示。不改变“输入压缩空间量（MB）”中的值，单击压缩，系统会将 C 盘压缩为默认的最佳状态，这个数值不能再缩小。单击“压缩”后将看到 C 盘现有的容量和未划分的区域。

第 4 步：在“未分配区域”单击鼠标右键，选择“创建简单卷”，弹出创建向导界面，如图 z1-4 所示，输入要划分区域的大小。

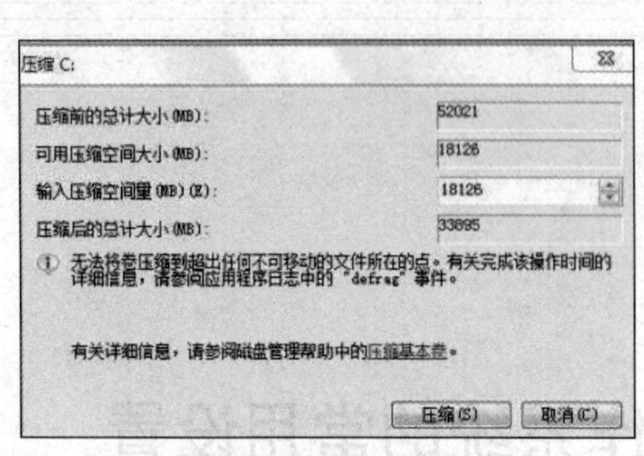

图 z1-3　磁盘压缩界面

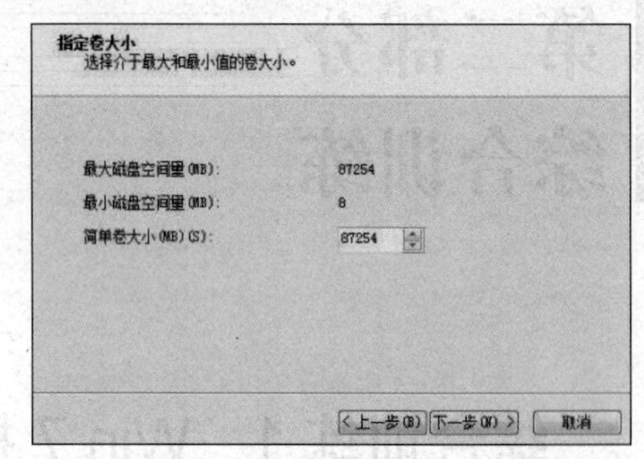

图 z1-4　“创建简单卷”向导界面

第 5 步：单击“下一步”按钮，根据创建向导提示输入驱动器号，并格式化该驱动器，完成分区操作。

第 6 步：如果选择分区数量较多，请重复“新建简单卷”这一步来完成剩余容量的划分。

（2）让 Win 7 操作系统“开始”菜单以菜单形式显示。

“开始”菜单下的选项一般是已链接显示，即单击某个项目，如“控制面板”，会打开一个“控制面板”窗口，再寻找需要的选项。用户可以对“开始”菜单显示的项目进行设置，如将“计算机”或“控制面板”直接显示成菜单而不是链接。操作步骤如下。

第 1 步：单击“开始”→“属性”→“任务栏和‘开始’菜单属性”→开始菜单”→“自定义”按钮。

第 2 步：弹出“自定义‘开始’菜单”对话框，选中“计算机”和“控制面板”下的“显示为菜单”单选按钮，再单击“确定”按钮。

（3）节能下载。

如果开机只是为了下载，可以用“离开下载”实现节约电能的目的。Win 7 操作系统中增添了“离开”模式，此模式可以直接关闭大部分设备而只保留部分关键设备的正常供电，与“休眠”、“待机”模式又不相同，在“离开”模式下可以保持正常的文件下载。在 Win 7 操作系统中虽然自带了“离开”模式，但默认情况下并没有激活，激活方法如下。

第 1 步：按下【Win+R】组合键，输入“regedit”并回车，打开注册表。

第 2 步：在打开的注册表编辑器中依次单击 HKEY_LOCAL_MACHINE→SYSTEM→CurrentControlSet→Control→SessionManager→Power，在【Power】下面新建名为“AwayModeEnabled”的 DWORD32 位项，将它的值设置为“1”并重启。

以后，只要单击“开始”菜单中的“睡眠”按钮即可进入“离开”模式了。

在使用“离开”模式时，建议在电源管理中将硬盘设置成“永不关闭”，即“在此时间后关闭硬盘”设置成“0”，将“关闭显示器后进入睡眠”设置成“从不”，将“无线适配器设置”设置成“最高性能”。

（4）“钉住”最常用的文件夹。

Win 7 操作系统允许将最常用的文件夹“钉住”到任务栏。只需要将鼠标放到最常用的文件夹上，单击鼠标右键，将其拖动到“任务栏”，Win 7 操作系统就会自动将其设定到资源管理器的跳转列表（Jump List）里。以后只需右键单击“资源管理器”图标，即可选择并打开该文件夹。

3. 问题解答

（1）创建分区时，按提示要创建“扩展分区”和“逻辑分区”，两者有何区别？

解答：创建完“主分区”后，一般将其余所有的磁盘空间全部分配给“扩展分区”，在其基础上再划分 D 盘、E 盘等“逻辑分区”。

（2）如何在“开始”菜单中显示“运行”命令？

解答：单击鼠标右键“开始”菜单的空白处，选择“属性→开始菜单→自定义”，选中“运行”命令即可。

4. 思考题

（1）Win 7 操作系统硬盘应该如何合理分区？

（2）Win 7 操作系统如何备份系统？

综合训练 2 Word 综合训练

1. 训练目的

（1）综合 Word 中所学的知识，掌握各种界面布局及版式的设置方法。

（2）熟练掌握图文排版技巧和插入各种对象及其编辑和格式化的方法。

（3）掌握应用 Word 对报纸、杂志等进行艺术排版的技术。

2. 训练内容

启动 word 2010，综合设计、编排一个如图 z2-1 所示的 Word 文档。

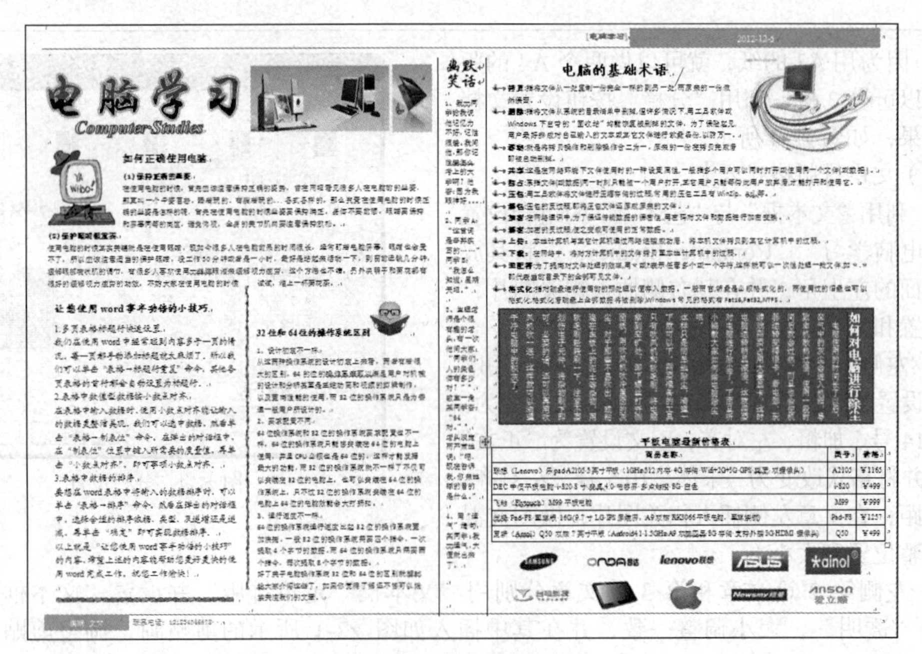
电脑学习
Computer Studies
如何正确使用电脑
让您使用 word 事半功倍的小技巧
32 位和 64 位的操作系统区别
幽默笑话
2012-12-5
电脑的基础术语
如何对电脑进行除尘
平板电脑最新价格表

图 z2-1 综合排版效果

（1）文章版面的总体要求。

① 利用“页面设置”功能区的“纸张大小”按钮设置纸张大小为“A3”；利用“纸张方向”按钮设置纸张方向为“横向”（宽 42 厘米，高 29.7 厘米）；利用“页边距”按钮设置上、下、左、右页边距均为 1 厘米，如图 z2-2 所示；页眉、页脚距边界分别为 0.8 厘米、0.5 厘米，如图 z2-3 所示。

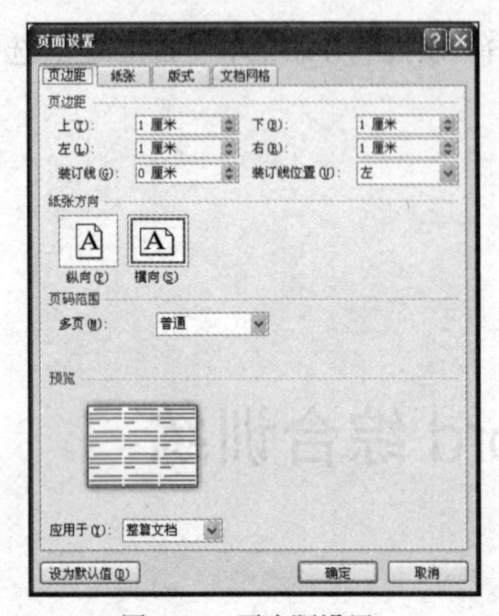

图 z2-2 页边距设置

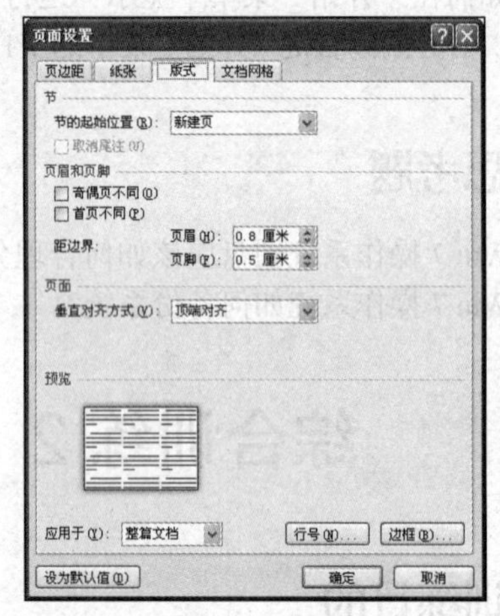

图 z2-3 版式设置

② “页眉”选择样式为“朴素型（奇数页）”，在页眉标题中输入文字：电脑学习，设置为“华文隶书”“小四”，插入当前日期，要求日期可以更新。“页脚”选择样式为“朴素型（偶数页）”，页脚中输入编辑及联系电话，设置为“宋体”“五号”。

页眉、页脚中也可插入图形、图片、剪贴画或艺术字，可根据需要自行选择。

③ 因为用 A3 的纸，就可以做两个 A4 的版面，所以可分 3 栏；利用“分栏”按钮设置文档分栏效果，如图 z2-4 所示。

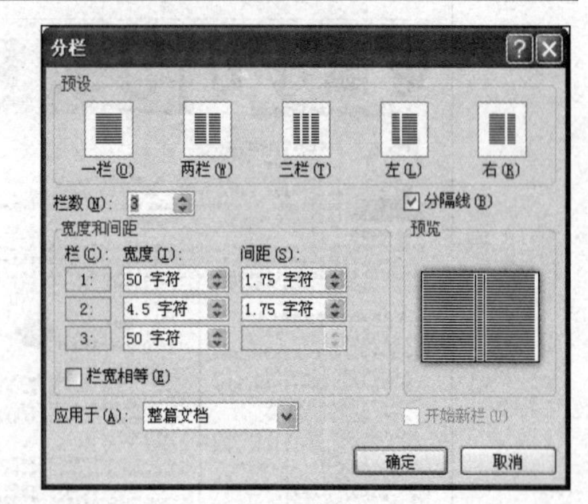

图 z2-4 分栏设置

（2）文章排版格式要求。

① 利用“文本框”与“艺术字”的组合设置标题“电脑学习”“Computer Studies”，将其放置在页面的左上角，并在其右侧插入相关图片，调整位置和大小。

② 左侧第 1 篇文章的标题“如何正确使用电脑”，设置为“标题 3”样式，并将格式改变为：宋体、14 号、加粗、左对齐；正文设置为“正文”样式，并将格式改变为：宋体、10.5 号、左对齐、单倍行距；在文章左侧插入相关图片，做图文混排，调整位置和大小。

③ 左侧第 2 篇文章和第 3 篇文章分别用“文本框”定位排版，并设置“文本框”形状轮廓为“透明”，大小调整一致，并在其中插入如图 z2-1 所示的剪贴画，调整剪贴画的位置及大小。

第 2 篇文章的标题“让您使用 word 事半功倍的小技巧”，设置如图 z2-5 所示，并设置为“左对齐”；正文设置为“正文”样式，并将格式改变为：楷体、12 号、左对齐，行距为固定值 18 磅；在文章底部插入相关剪贴画，做图文混排，调整位置和大小。

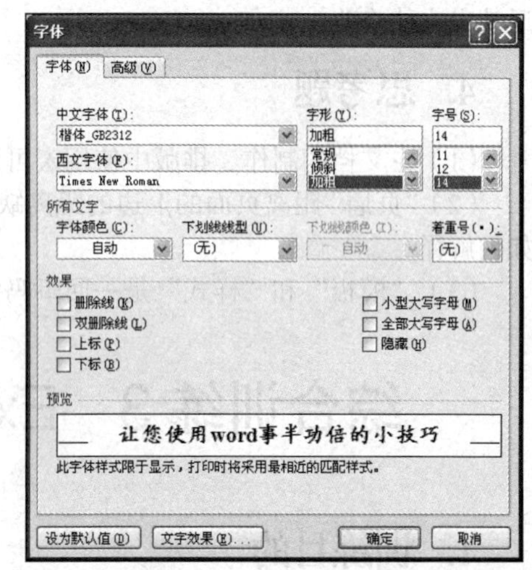

图 z2-5 标题字体设置

第 3 篇文章的标题“32 位和 64 位的操作系统区别”，将其格式设置为：楷体、12 号、左对齐；正文设置为“正文”样式，并将格式改变为：宋体、10.5 号、左对齐、单倍行距；在文章标题右侧插入相关剪贴画，做图文混排，调整位置和大小。

④ 中缝的文章：标题“幽默笑话”设置为：华文行楷、22 号、居中对齐；正文内容全部设置为：宋体、10.5 号、左对齐，行距固定值为 13 磅。

⑤ 右侧第一篇文章的标题“电脑的基础术语”设置为“标题 2”样式，并将格式改变为：楷体、20 号、加粗、居中对齐，段前、段后 0 磅、单倍行距；正文设置为“正文”样式，并将格式改变为：宋体、10.5 号、左对齐、单倍行距、每段冒号前字符加粗，并为各段文字添加项目符号；在文章标题右侧插入相关图片，做图文混排，调整位置和大小。

⑥ 右侧第二篇文章用竖排文本框定位排版，标题设置为：宋体、16 号、加粗、顶端对齐、单倍行距，并为其加红色波浪下划线；正文设置为“正文”样式，并将格式改变为：宋体、11 号、左对齐，行距固定值为 21 磅。

⑦ 右侧表格标题设置为“正文”样式，并将格式改变为：宋体、12 号、加粗、居中对齐；插入表格，并对表格进行相应排版。

⑧ 最后将有关电脑的素材图片插入到右侧下方，调整图片大小和位置，完成排版。

3. 问题解答

（1）如何将日期作为“域”插入文档？

解答：要使 Word 能够自动更改日期和时间，在“插入”选项的“文本”功能区中，单击“日期和时间”按钮，选择日期和时间格式后，选中“自动更新”复选框。采用此方法插入的日期实际上是一个“域”，单击该域并按【F9】键，Word 就会将其更新为当前日期和时间。

另外，如果将日期作为“域”插入到文档中，但未对其进行更新，则打印出来的日期也可能不正确。如果希望每次打印时都打印出当前的日期，可令 Word 在打印时自动进行更新，其方法为：依次执行“文件”→“选项”→“显示”命令，然后在“打印”选项中选中“打印前自动跟新域”复选框，最后单击“确定”按钮即可。

（2）如何删除自定义样式？

解答：在 Word 2010 中，用户不能删除 Word 提供的内置样式，而只能删除用户自定义的样式。删除自定义样式的操作步骤是：打开 Word 2010 文档窗口，在“开始”功能区的“样式”分组中单击“显示样式窗口”按钮；在打开的“样式”窗格中，右键单击准备删除的样式，并在打开的快捷菜单中选择“删除……”命令；打开提示框，询问用户是否确认删除该样式，单击“是”按钮确认删除。

（3）改变某种样式的基准样式中一些格式设置，对文档有何影响？

解答：如果改变了样式的基准样式的某些格式设置，文档中基于此基准样式的所有样式都将反映出这种修改。

4. 思考题

（1）在文档的制作、排版中使用宏可以产生什么效果？

（2）“页眉”距离页面的上边的距离缺省值都是正值，如果将其改为负值将会产生什么现象？如何解释？

（3）“模板”和“样式”是一回事吗？

综合训练 3　Excel 表格综合使用训练

1. 训练目的

（1）通过实验，了解 Excel 电子表格的功能，掌握运用 Excel 电子表格处理问题的方法。

（2）对 Excel 电子表格的基本操作、公式计算、图表功能和数据管理功能进行综合应用训练。

2. 训练内容

（1）建表。

启动 Excel 2010，在“Sheet1”中按图 z3-1 所示建立表格，输入内容（可自行改变数据），输入时可使用序列填充、复制等方法。利用学过的知识对表格进行格式化操作，包括单元格内容、换行、批注、填充、对齐方式、套用表格样式等。

	A	B	C	D	E	F	G	H	I	J	K	L	M
1	序号	姓　名	部门	岗位工资	工龄工资	岗位津贴	应发工资	扣保险	扣公积金	计税金额	扣税比例	所得税	实发工资
2	1	AAA1	一车间	1911.10	211.10	11.11	2133.31	90.00	150.11	1093.20	10%	109.32	1783.88
3	2	AAA2	一车间	2911.10	211.20	22.22	3144.52	90.00	150.11	2104.41	15%	315.66	2588.75
4	3	AAA3	一车间	3911.10	211.30	33.33	4155.73	90.00	150.11	3115.62	15%	467.34	3448.28
5	4	AAA4	二车间	113.90	213.90	322.19	649.99	90.00	150.11	0.00	0%	0.00	409.88
6	5	AAA5	二车间	114.00	214.00	333.30	661.30	90.00	150.11	0.00	0%	0.00	421.19
7	6	AAA6	三车间	911.10	213.50	277.75	1402.35	90.00	150.11	362.24	5%	18.11	1144.13
8	7	AAA7	三车间	911.10	213.60	288.86	1413.56	90.00	150.11	373.45	5%	18.67	1154.78
9	8	AAA8	三车间	911.10	213.70	299.97	1424.77	90.00	150.11	384.66	5%	19.23	1165.43
10	9	AAA9	四车间	911.10	213.80	311.08	1435.98	90.00	150.11	395.87	5%	19.79	1176.08
11	合计			11694.50	1702.30	1588.73	14985.53	720.00	1200.88	7433.58	0.55	948.33	12116.32

图 z3-1　工作表

只输入 A～F 列的基本数据，“应发工资”“扣保险”“扣公积金”“计税金额”“扣税比例”“所得税”“实发工资”列下的数据及“合计”行的数据将计算得出。

（2）计算。

① 计算“应发工资”：在 G2 单元格中计算序号为“1”的职工的“应发工资”，再用函数“ROUND”将计算所得结果保留两位小数。

“应发工资”由“岗位工资”“工龄工资”及“岗位津贴”相加得到，可自编公式，也可用求和函数。

② 计算“计税金额”：J2 单元格中“计税金额”的计算方法是“应发工资”减去“扣保险”和“扣公积金”，再减去 800（假如计税起征点为 800 元）。

③ 计算“扣税比例”：在 K2 单元格中利用“IF”函数及其他函数的嵌套进行计算。首先利用函数“ISNUMBER”检验 J2 单元格是否为数字，如果是，则“扣税比例”计算要求为当“计税金额”为 0 时，“扣税比例”为 0%；“计税金额”在 800 元以下时“扣税比例”为 5%；“计税金额”在 800 元～1600 元时“扣税比例”为 10%；“计税金额”在 1600 元～3200 元时扣税比例为 15%，“计税金额”大于 3200 元时“扣税比例”为 20%。（以上“计税金额”和“扣税比例”均为假设。）

提示

此处会用到“IF”函数的多次嵌套。函数“ISNUMBER”的功能是检验某值或单元格中的内容是否为数字，返回“真”或“假”，格式为：ISNUMBER（要检验的值或单元格名称）。

④ 计算“所得税”：在 L2 单元格中利用函数“IF”和“AND”进行判断，检验 J2、K2 单元格中的值若均为“数字”，则“所得税”的计算式为“J2*K2”，并用函数“ROUND”将计算结果保留两位小数，否则返回“空串”。

⑤ 计算“实发工资”：在 M2 单元格中利用自定义公式计算“实发工资”。“实发工资”等于“应发工资”减去“扣保险”“扣公积金”“所得税”三项，将结果保留两位小数。将上述 5 个公式分别用“填充柄”向下复制。

⑥ 在 M11 单元格中利用函数“SUM”求所有员工的“实发工资”总数，利用“填充柄”向左边单元格复制到 D11 单元格为止。

⑦ 为 B2 单元格添加“批注”（内容为：一车间主任）。

⑧“为 M2：M10”数据设置条件格式，选择一种“数据条”填充单元格。

（3）数据透视表。

① 在 M12 单元格中，为每位员工的“实发工资”生成一个“折线型迷你图”，并设置格式。

② 要求按照“姓名”或者“部门”检索员工实发工资情况，数据源区域为“$A$1:$M$11”。

③“数据透视表”显示在 Sheet2 中，分别将“序号”作为报表字段，“部门”作为行字段，“姓名”作为列字段，“实发工资”作为数据计算项。

④ 从“数据透视表”中分别查看二车间、三车间和四车间的实发工资情况，最终结果如图 z3-2 所示。

	A	B	C	D	E	F	G	H
1	序号	(全部)						
2								
3	求和项:实发工资	姓 名						
4	部门	AAA4	AAA5	AAA6	AAA7	AAA8	AAA9	总计
5	二车间	409.88	421.19					831.07
6	三车间			1144.13	1154.78	1165.43		3464.34
7	四车间						1176.08	1176.08
8	总计	409.88	421.19	1144.13	1154.78	1165.43	1176.08	5471.49

图 z3-2 数据透视表查询结果

⑤ 将工作表 Sheet1 和 Sheet2 分别重命名为“原始表”和“数据透视表”。

（4）单变量求解。

① 如果将一车间主任 AAA1 的实发工资上调为“2000”，通过单变量求解计算其“岗位工资”应调整为多少。求解时选择$M$2 为目标单元格，$D$2 为可变单元格。

② 观察 D2、M2 的变化情况。

（5）将一车间员工的“岗位工资”“应发工资”和“实发工资”3 个数据生成“三维簇状柱型图表”。

① 借助【Ctrl】键选中“A1:A4”“B1:B4”“D1:D4”“G1:G4”“M1:M4”几个区域作为图表的数据区域，根据向导生成的图表如图 z3-3 所示。将生成的图表置于本工作表数据下方。

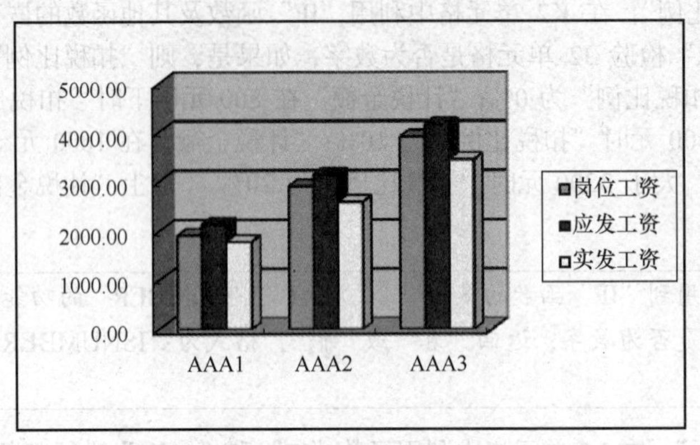

图 z3-3　三维簇状柱形图表

② 调整坐标轴刻度，为生成的图表中的“岗位工资”系列显示数据标志的值，并将其形状改变为“圆锥体”。

③ 设置图表区的格式、背景、填充效果等。图例显示在图表下方，“姓名”以 45° 方式对齐，修改后的结果如图 z3-4 所示。

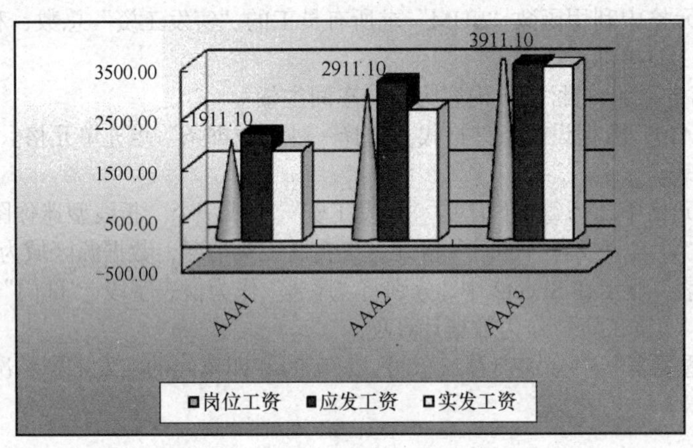

图 z3-4　修改后的三维簇状柱形图表

（6）打印工作表。

① 设置打印区域为“A1:M21”。

②“页面设置”中设置打印页面纸张为 A4 纸，横向打印，并选定打印顶端标题行和网格线及批注。

③ 打印页眉、页脚，在页眉中设置“第 1 页，共？页”，页脚设置为“自定义页脚”，居中位置插入时间。

3. 问题解答

（1）用“填充柄”复制公式是相对引用还是绝对引用?

解答：在单元格的相对引用方式中，当将公式复制到新的位置时，若公式中引用的单元格地址是相对引用，则利用“填充柄”复制公式的过程是公式的相对引用；若公式中引用的单元格地址是绝对引用，则利用“填充柄”复制公式的过程也是绝对引用。

（2）“数据透视表”比“分类汇总”有何优点？

解答：在一个“数据透视表”中一个（行）字段可以使用多个“分类汇总”函数；在一个“数据透视表”数据区域中一个字段可以根据不同的“分类汇总”方式被多次拖动使用。“数据透视表”中的动态视图功能可以将动态汇总中的大量数据收集到一起，其布局可以直接在工作表中更改，交互式的“数据透视表”可以更充分地发挥其强大的功能。

4. 思考题

（1）如何正确组织和使用“数据透视表”？
（2）怎样打印工作表的网格线？
（3）如何进行窗口的拆分和冻结？

综合训练 4　营销宣传文稿的设计制作

1. 训练目的

（1）综合应用所学 PowerPoint 知识，掌握建立、编辑与格式化演示文稿的基本操作。
（2）掌握在幻灯片中插入并设置各种对象的方法。
（3）掌握设置及放映演示文稿动画的方法。

2. 训练内容

（1）幻灯片的基本对象。

① 启动 PowerPoint 2010，新建“空白演示文稿”，用于介绍新浪微博的营销方式，保存时文件名为“微营销.ppt”。

② 第 1 张幻灯片采用“标题幻灯片”版式，标题内容为“微世界·大营销”，副标题占位符中对应输入标题内容的拼音字母。如图 z4-1 所示。

③ 单击“新建幻灯片”按钮，建立第 2～5 张幻灯片，采用“仅标题”版式，标题分别输入如图 z4-1 中所示的各页标题内容（可做好一张后复制该幻灯片），其他内容分别用插入文本框、插入图片、插入形状等方式加入各张幻灯片中。如图 z4-1 所示。

图 z4-1　文稿效果（1）

④ 第 6～11 张幻灯片均采用“空白版式”，第 6 张幻灯片中插入一种 SmartArt 图形，第 9

张幻灯片中插入一种自选图形，每页上的案例标题用矩形图形，其余对象是图片和文本框。如图 z4-2 所示。

图 z4-2　文稿效果（2）

⑤ 第 12～13 张幻灯片采用“空白版式”，第 12 页中用 4 个文本框输入内容，插入 1 个圆形，3 个线条，1 个新浪图片。第 13 页中插入新浪图片、文本框、自选图形并输入相应内容。如图 z4-3 所示。

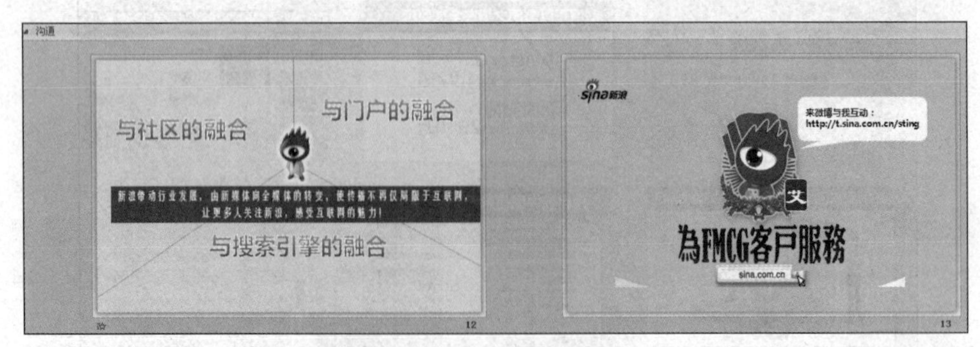

图 z4-3　文稿效果（3）

⑥ 将所有幻灯片分为 3 节，分别命名为“新浪优势”“微营销方式”“沟通”。如图 z4-1、图 z4-2、图 z4-3 所示。

（2）格式化幻灯片。

① 逐一设置格式。对于幻灯片标题字体、所有文本框、所有插入的自选图形等的样式、格式可以根据需要加以设置。

② 设置背景。使用“背景样式”中的“样式10”。对有不同背景的幻灯片再单独修改。

③ 在“幻灯片母版”中插入一个能代表新浪的图标。

（3）设置动画效果。用户可根据具体要求对幻灯片中的各对象设置“进入”“强调”“退出”等动画效果，为所有幻灯片设置一种切换方式。

（4）插入声音和视频文件。在第一张幻灯片中插入一个声音文件，设置“在幻灯片放映时自动开始播放声音”，直到最后一张幻灯片结束。

（5）超级链接。将第6张幻灯片上的每一种营销模式分别超链接到第7～11张幻灯片，并在这些幻灯片中加入一个能通过超级链接返回第6 张幻灯片的按钮。

（6）放映幻灯片。将演讲文稿定义为“演讲者放映（全屏幕）”放映方式，通过“幻灯片放映/排练计时”设置幻灯片放映的时间，使其自动播放。

3. 问题解答

（1）在PowerPoint中，幻灯片有哪些放映方式，各有什么特点？

解答：在PowerPoint中，可以根据需要使用3种不同的方式进行幻灯片的放映，即演讲者放映方式、观众自行浏览方式以及在展台浏览放映方式。

“演讲者放映（全屏幕）”是常规的放映方式。在放映过程中，可以使用人工控制幻灯片的放映进度。如果希望自动放映演示文稿，可以通过“幻灯片放映/排练计时”来设置幻灯片放映的时间，使其自动播放。

选择“观众自行浏览（窗口）”方式放映，演示文稿出现在小窗口内，通过命令在放映时移动、编辑、复制和打印幻灯片，移动滚动条从一张幻灯片移到另一张幻灯片。

选择“在展台浏览（全屏幕）”方式放映，在每次放映完毕后，在设定时间内没有进行干预，会重新自动播放。当选择该项时，PowerPoint 会自动选中“循环放映，Esc 键停止”复选框，若在该对话框的“幻灯片”栏中输入幻灯片的编号，表示仅播放这些幻灯片。

（2）在PowerPoint中，如何使用模板创建演示文稿？

解答：根据 PowerPoint 内置的各种设计模板可以创建新的演示文稿。设计模板就是带有各种幻灯片板式以及配色方案的幻灯片模板。启动 PowerPoint，在“新建”中选择“样本模板”，其中提供了多种幻灯片模板，或选择 Office 提供的在线模板，便可将该模版其应用到新幻灯片上。

4. 思考题

（1）PowerPoint提供了几种新文稿的创建方式？

（2）怎样打包演示文稿？

综合训练5 进销存数据库管理系统的设计

1. 训练目的

（1）通过实验学会在Access 2010中创建数据库，创建表结构，设置字段的常用属性。

（2）学会在 Access 2010 中创建窗体及切换面板，利用窗体实现对数据的操作，利用切换面板实现对数据库系统的使用。

2. 训练内容

（1）在Windows操作系统环境下启动Access 2010完成如下操作。

① 创建一个名为“文具销售系统”的数据库。

② 认识数据库所包含的主要对象及文件类型。

③ 在创建好的数据库中使用“设计视图”创建数据表，具体设置如表z5-1～表z5-3所示。

④ 保存表，关闭数据库。

表z5-1 员工情况表

字段名称	数据类型	字段大小	是否主键
员工编号	短文本	10	是
姓名	短文本	10	
性别	短文本	2	
年龄	数字	长整型	
联系电话	短文本	11	

表z5-2 库存明细表

字段名称	数据类型	字段大小	是否主键
文具编号	短文本	10	是
文具名称	短文本	20	
数量	数字	长整型	
进价	货币		
入库人员编号	短文本	11	
入库日期	日期/时间		

表z5-3 销售明细表

字段名称	数据类型	字段大小	是否主键
文具编号	短文本	10	是
文具名称	短文本	20	
数量	数字	长整型	
单价	货币		
销售人员编号	短文本	11	
销售日期	日期/时间		

（2）打开已创建好的数据库，对其数据表进行如下操作。

① 在已创建好的3个数据表中输入数据，内容如图z5-1～图z5-3所示。

② 建立表之间的关系：执行“数据库工具”选项卡下的“关系”，在关系窗口中为3张数据表创建关系，并且选中“实施参照完整性”、“级联更新相关字段”。

员工情况表

员工编号	姓名	性别	年龄	联系电话
3251	王明惠	女	23	13734017076
3252	蒋苗苗	女	23	15536862022
3253	吴晓红	女	22	13994289557
3254	王飞飞	女	23	13111057090
3255	吴文杰	女	22	13233669561

图 z5-1 员工情况表数据

库存明细表

文具编号	文具名称	数量	进价	入库人员编	入库日期
001	钢笔	10	¥15.00	3251	2009-9-1
002	中性笔	60	¥1.50	3252	2009-9-5
003	稿纸	50	¥0.60	3253	2009-9-15
004	信纸	50	¥0.60	3254	2009-9-16
005	笔记本	60	¥2.00	3255	2009-9-20

图 z5-2 库存明细表数据

销售明细表

文具编号	文具名称	数量	单价	销售人员编	销售日期
001	钢笔	2	¥20.00	3251	2009-10-2
002	中性笔	15	¥2.00	3252	2009-10-8
003	稿纸	10	¥1.00	3253	2009-10-16
004	信纸	15	¥1.00	3254	2009-10-20
005	笔记本	20	¥3.00	3255	2009-11-2

图 z5-3 销售明细表数据

（3）创建查询。

① 在“查询设计”中添加“库存明细表”，要求检索现有各种文具库存量情况，并输出“文具编号”“文具名称”和“数量”3 个字段，如图 z5-4 所示。

② 保存查询，名字为“现有库存量查询”。

（4）创建窗体。

① 在“窗体向导”中选择要创建窗体相关联的数据表，确定选用字段。

② 确定窗体使用布局。

③ 生成“员工信息窗体”“入库单记录窗体”和“销售单记录窗体”，如图 z5-5~图 z5-7 所示。

文具编号	文具名称	数量 之 合
001	钢笔	10
002	中性笔	60
003	稿纸	50
004	信纸	50
005	笔记本	60

图 z5-4 现有库存量查询

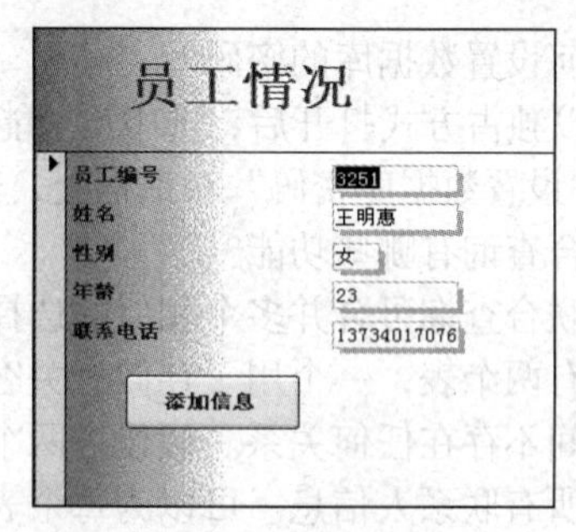

图 z5-5 员工情况表编辑窗体

入库单记录

文具编号	文具名称	数量	进价	入库人员编	入库日期
001	钢笔	10	¥15.00	3251	009-9-1
002	中性笔	60	¥1.50	3252	009-9-5
003	稿纸	50	¥0.60	3253	09-9-15
004	信纸	50	¥0.60	3254	09-9-16
005	笔记本	60	¥2.00	3255	09-9-20
		0	¥0.00		

图 z5-6 库存明细表编辑窗体

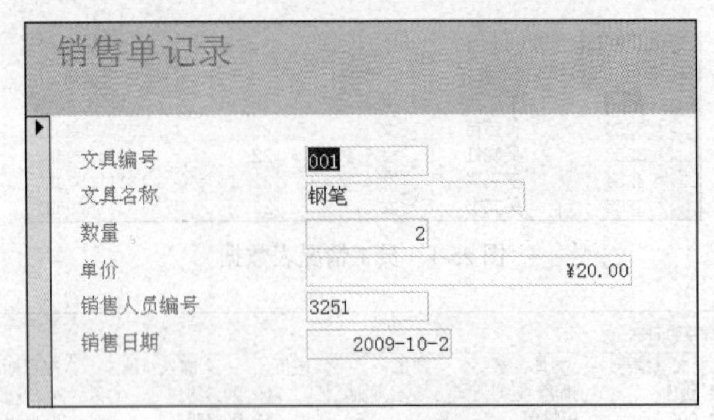

图 z5-7　销售明细表编辑窗体

（5）利用“数据库工具”选项卡下的“切换面板管理器”创建切换面板，使用户通过切换面板更方便地使用该进销存管理系统，如图 z5-8 所示。

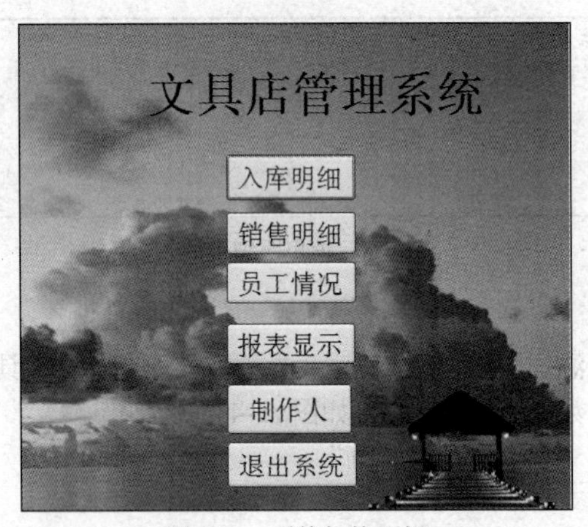

图 z5-8　系统切换面板

3. 问题解答

（1）如何设置数据库的密码？

解答：以独占方式打开后，选中（功能区中）“数据库工具”选项卡，然后单击“设置数据库密码”。在“设置数据库密码”对话框上，输入密码和验证密码后，单击“确定”按钮即可。

（2）联合查询有哪些功能？

解答：联合查询可合并多个相似的选择查询的结果集。

例如，有两个表，一个用于存储有关客户的信息，另一个用于存储有关供应商的信息，并且这两个表之间不存在任何关系。假设这两个表都有一些存储联系人信息的字段，希望同时查看这两个表中的所有联系人信息。可以为每个表创建一个选择查询，以便只检索包含联系人信息的那些字段，但返回的信息仍将位于两个单独的位置。要将两个或更多个选择查询的结果合并到一个结果集中时，可以使用联合查询。

4. 思考题

（1）若一数据表中包含“出生日期”字段，如何利用其生成年龄？

（2）若想以“数据透视表”的布局方式设计“窗体”，该如何设置？

附　　录

附录 A　Win 7 操作系统常用快捷键

一般操作快捷键

按键	作用
F2	重命名
F3	查找
Ctrl+X、C、V	剪切、复制、粘贴
Shift+Delete	彻底删除文件而不放入“回收站”
Alt+Enter	属性
Alt+双击	属性
Ctrl+右键单击	将其他命令加到环境菜单上（打开方式）
Shift+双击	如果有“资源管理器”命令，则打开“资源管理器”管理该对象
Ctrl+将文件拖至文件夹	复制文件
Ctrl+Shift+将文件拖至桌面或文件夹	创建快捷方式
Ctrl+ESC，TAB，Shift+F10	打开任务栏属性
F4（资源管理器）	显示组合框
F5	刷新
F6	在资源管理器中的不同窗格间切换
Ctrl+G（资源管理器）	转到
Ctrl+Z	取消操作
Ctrl+A	全选
BackSpace	到父文件夹
Shift+（关闭）	关闭文件夹及其所有父文件夹

Windows 资源管理器操作快捷键

按键	作用
Num*	展开所选项下所有的内容
Num-	折叠所选项下所有的内容
Num+	展开当前折叠的所选项
右箭头键	展开当前折叠的所选项
左箭头键	折叠当前展开的所选项

续表

属性操作快捷键	
按键	作用
Ctrl+Tab	在“属性”选项卡之间切换
Ctrl+Shift+Tab	在“属性”选项卡之间切换
打开/保存公用对话框操作快捷键	
按键	作用
F4	下拉列表
F5	刷新显示
BackSpace	如果在“查看”窗口中，则转到父文件夹
一般键盘命令操作快捷键	
按键	作用
F1	帮助
F10	转至菜单模式
Shift+F10	所选项的环境菜单
Ctrl+ESC	“开始”菜单
Ctrl+ESC，ESC	集中在“开始”菜单上
Shift+F10	打开环境菜单
Alt+Tab	切换到运行程序
Shift（当插入CD时）	跳过自动运行
Alt+M（集中在任务栏中）	使所有窗口最小化
无障碍操作快捷键	
按键	作用
按Shift键5次	切换“粘滞键”开/关
按右Shift键8秒钟	切换“筛选键”开/关
按NumLock键5秒钟	切换“切换键”开/关
左Alt+左Shift+NumLock	切换“鼠标键”开/关
左Alt+左Shift+PrintScreen	切换“高对比度”开/关
Win+R	“运行”对话框
Win+M	使所有窗口最小化
Shift+Win+M	取消使所有窗口最小化
Win+F1	“窗口”帮助
Win+E	“资源管理器”窗口

续表

MS 自然键盘操作快捷键	
按键	作用
Win+F	“查找文件或文件夹”窗口
Ctrl+Win+F	“查找计算机”窗口
Win+Tab	循环切换任务栏按钮
Win+Break	PSS 热键（系统属性）

附录 B　Office 2010 常用快捷键

Office 2010 通用快捷键		
分类	意义	组合键
编辑	复制	Ctrl+C 或 Ctrl+Insert
编辑	覆盖	Insert
编辑	取消操作	ESC
编辑	粘贴	Ctrl+V 或 Shift+Insert
编辑	重复	F4、Alt+Enter 或 Ctrl+Y
编辑，查找	查找	Ctrl+F
编辑，查找和替换	查找替换	Ctrl+H
编辑，撤销	撤销	Ctrl+Z 或 Alt+BackSpace
编辑，删除	剪切	Ctrl+X 或 Shift+Del
编辑，向右删除	向右删除一个词	Ctrl+Del
编辑，向右删除	向右删除一个字符或清除	Del
编辑，向左删除	向左删除一个词	Ctrl+BackSpace
窗口	还原文档窗口大小	Alt +F5
窗口	文档窗口最大化	Ctrl+F10
定位	定位至上一屏	Page Up
定位	定位至上一行	↑
定位	定位至下一个窗格	F6 或 Shift+F6
定位	定位到下一个窗口	Alt+F6 或 Ctrl+F6
定位	定位至下一屏	Page Down
定位	定位至下一行	↓
定位	定位至行首	Home
定位	定位至行尾	End
定位	向右定位一个词	Ctrl+→
定位	向右定位一个字符	→

续表

Office 2010 通用快捷键		
分类	意义	组合键
定位	向左定位一个词	Ctrl+←
定位	向左定位一个字符	←
格式化	粗体	Ctrl+B
格式化	下划线	Ctrl+U
格式化	斜体	Ctrl+I
格式化	选择字体	Ctrl+Shift+F
格式化	选择字号	Ctrl+Shift+P
工具	拼写检查	F7
其他	帮助	F1
其他	帮助（这是什么）	Shift+F1
其他	激活 Windows“开始”按钮	Ctrl+ESC
其他	激活菜单方式	F10
其他	激活快捷菜单	Shift+F10
其他	激活应用程序窗口图标	Alt+Space
其他	显示 Visual Basic 代码	Alt+F11
其他	打开宏对话框	Alt+F8
文档	保存文档	Ctrl+S、Shift+F12 或 Alt+Shift+F2
文档	打开文档	Ctrl+O 或 Ctrl+F12
文档	打印文档	Ctrl+P 或 Ctrl+Shift+F12
文档	关闭文档	Ctrl+F4 或 Ctrl+W
文档	关闭文档及退出 Word	Alt+F4
文档	另存文档	F12
文档	新建文档	Ctrl+N
Word 2010 常用快捷键		
分类	意义	组合键
表格	拆分表格	Ctrl+Shift+Enter
插入	标记目录项	Alt+Shift+O
定位	定位	F5 或 Ctrl+G
定位	定位光标至下一个段落	Ctrl+↑
定位	定位至窗口右下角	Alt+Ctrl+Page Down
定位	定位至窗口左下角	Alt+Ctrl+Page Up
定位	定位至前一个窗口	Ctrl+Shift+F6 或 Alt+Shift+F6
定位	定位至文档开始	Ctrl+Home
定位	光标定位至文档结尾	Ctrl+End
定位	定位至前一个对象	Ctrl+Page Up

续表

Word 2010 常用快捷键

分类	意义	组合键
定位	定位至下一个对象	Ctrl+Page Down
定位	定位至上一个光标	Alt+Ctrl+Z
定位	光标定位至下一段	Ctrl+↓
定位	选择浏览对象	Alt+ Ctrl+Home
定位，表格	定位至表格列首	Alt+Page Up
定位，表格	定位至表格列尾	Alt+Page Down
定位，表格	定位至表格行首	Alt+Home
定位，表格	定位至表格行尾	Alt+End
定位，表格	定位至前一列	Alt+↑
定位，表格	定位至下一个制表位	Ctrl+Tab
定位，表格	定位至下一列	Alt+↓
定位，域	定位至下一个域	F11
定位，域	前一个域	Alt+Shift+F1
格式化	复制格式	Ctrl+Shift+C
格式化	粘贴格式	Ctrl+Shift+V
格式化	自动套用格式	Alt+Ctrl+K
格式化，段落	两行间距	Ctrl+2
格式化，段落	分散对齐	Ctrl+Shift+J
格式化，段落	减少首行缩进	Ctrl+Shift+T
格式化，段落	减少左缩进	Ctrl+Shift+M
格式化，段落	居中对齐	Ctrl+E
格式化，段落	两端对齐	Ctrl+J
格式化，段落	取消段落格式化	Ctrl+Q
格式化，段落	一行半间距	Ctrl+5
格式化，段落	一行间距	Ctrl+1
格式化，段落	右对齐	Ctrl+R
格式化，段落	在段前添加一段间距	Ctrl+0
格式化，段落	增加首行缩进	Ctrl+T
格式化，段落	增加左缩进	Ctrl+M
格式化，段落	左对齐	Ctrl+L
格式化，字体	Symbol 字体	Ctrl+ Shift+Q
格式化，字体	粗体	Ctrl+B
格式化，字体	改变大小写	Shift+F3
格式化，字体	格式化字体	Ctrl+D
格式化，字体	减小字号	Ctrl+Shift+,

续表

Word 2010 常用快捷键

分类	意义	组合键
格式化，字体	取消字符格式	Ctrl+Space
格式化，字体	取消字符格式	Ctrl+Shift+Z
格式化，字体	全部小写	Ctrl+Shift+K
格式化，字体	上标	Ctrl+Shift+ =
格式化，字体	所有字符都大写	Ctrl+Shift+A
格式化，字体	下标	Ctrl+ =
格式化，字体	下划线	Ctrl+Shift+U
格式化，字体	下划线词	Ctrl+Shift+W
格式化，字体	斜体	Ctrl+Shift+I
格式化，字体	隐藏	Ctrl+Shift+H
格式化，字体	增大字号	Ctrl+Shift+.
格式化，字体	逐磅减小字号	Ctrl+[
格式化，字体	逐磅增大字号	Ctrl+]
工具	信息检索	Alt+Shift+F7
工具	同义词库	Shift+F7
工具	下一个拼写错误	Alt+F7
其他	更新源文档	Ctrl+Shift+F7
其他	关闭窗格	Alt+ Shift+C
其他	链接前一个页眉\页脚	Alt+Shift+R
视图	大纲视图	Alt+Ctrl+O
视图	普通视图	Alt+Ctrl+N
视图	显示全部非打印字符	Ctrl+Shift+8
视图	显示修订标记	Ctrl+Shift+E
视图	页面视图	Alt+Ctrl+P
文档	打印预览文档	Alt+Ctrl+I
文档	打印预览文档	Ctrl+F2
选择	方形选择	Alt 拖动鼠标
选择	扩展所选内容	Ctrl+Shift+F8
选择	扩展选择	F8
选择	全选	Ctrl+A、三击左侧或 Ctrl+单击左侧
选择	缩小选择内容	Shift+F8
选择	向上选择一屏	Shift+Page Up
选择	向上选择一行	Shift+↑
选择	向下选择一屏	Shift+Page Down

续表

Word 2010 常用快捷键		
分类	意义	组合键
选择	向下选择一行	Shift+↓
选择	选择至窗口底部	Alt+Ctrl+Shif+Page Down
选择	选择至窗口顶部	Alt+Ctrl+Shif+Page Up
选择	向右选择一个词	Ctrl+ Shift+→
选择	向右选择一个字符	Shift+→
选择	向左选择一个词	Ctrl+ Shift+←
选择	向左选择一个字符	Shift+←
选择	选择拖动区域	拖动鼠标
选择	选择一个词	双击鼠标
选择	选择一个段落	双击左侧
选择	选择一个段落	三击鼠标
选择	选择一个句子	Ctrl+单击鼠标
选择	选择一行	单击左侧
选择	选择至单击处	Shift+单击鼠标
选择	选择至段落首	Ctrl+ Shift+↑
选择	选择至段落尾	Ctrl+ Shift+↓
选择	选择至文档首	Ctrl+ Shift+Home
选择	选择至文档尾	Ctrl+ Shift+End
选择	选择至行首	Shift+Home
选择	选择至行尾	Shift+End
选择，表格	全选表格	Alt+Clear(Num5)
选择，表格	选择前一单元格	Shift+Tab
选择，表格	选择下一单元格	Tab
选择，表格	选择整列	单击列表顶部
选择，表格	选择至表格列首	Alt+Shift+Page Up
选择，表格	选择至表格列尾	Alt+Shift+Page Down
选择，表格	选择至表格行首	Alt+Shift+Home
选择，表格	选择至表格行尾	Alt+Shift+End
样式	编号样式	Ctrl+Shift+L
样式	标题 1 样式	Alt+Ctrl+1
样式	标题 2 样式	Alt+Ctrl+2
样式	标题 3 样式	Alt+Ctrl+3
样式	选择样式	Ctrl+Shift+S
样式	正文样式	Ctrl+Shift+N

续表

Excel 2010 常用快捷键

分类	意义	组合键
编辑	（在插入了超级链接的单元格中）打开超级链接文件	Enter
编辑	定义名称	Ctrl+F3
编辑	取消隐藏列	Ctrl+Shift+0
编辑	取消隐藏行	Ctrl+Shift+9
编辑	使用行或列标定义名称	Ctrl+Shift+F3
编辑	显示隐藏“常用”工具栏	Ctrl+7
编辑	隐藏列	Ctrl+0
编辑	隐藏行	Ctrl+9
编辑	在隐藏对象、显示对象与对象占位符之间切换	Ctrl+6
编辑，分组	创建组	Alt+Shift+→
编辑，分组	取消组	Alt+Shift+←
编辑，分组	显示/隐藏分组符号	Ctrl+8
编辑数据	插入单元格/行/列	Ctrl+Shift+=
编辑数据	删除所选区域	Ctrl+ –
编辑数据	删除所选区域的内容	Delete
插入	插入超级链接	Ctrl+K
插入	插入批注	Shift+F2
插入	插入日期	Ctrl+;
插入	插入时间	Ctrl+ Shift+:
插入	插入自动求和公式	Alt+ =
插入，工作表	插入一个 Excel 4.0 的宏工作表	Ctrl+F11
插入，工作表	插入一个工作表	Shift+F11 或 Alt+ Shift+F1
插入，工作表	使用当前数据建立一个图表工作表	F11 或 Alt+F1
查找	查找	Shift+F5
查找	继续查找	Shift+F4
定位	定位	F5
定位	定位到 A1 单元格	Ctrl+Home
定位	定位到拆分窗格中的上一个窗格	Shift+F6
定位	定位到拆分窗格中的下一个窗格	F6
定位	定位到上一个工作表	Ctrl+Page Up
定位	定位到数据结束处	Ctrl+End
定位	定位到数据区域边	Ctrl+←，→，↑，↓
定位	定位到下一个单元格	←，→，↑，↓

续表

Excel 2010 常用快捷键		
分类	意义	组合键
定位	定位到下一个工作表	Ctrl+Page Down
定位	定位到行首	Home
定位	定位到已打开的上一个工作簿	Ctrl+ Shift+F6 或 Tab
定位	定位到已打开的下一个工作簿	Ctrl+F6 或 Tab
定位	定位到右一屏	Alt+Page Down
定位	定位到左一屏	Alt+Page Up
定位	往上移动	Shift+Enter
定位	往下移动	Enter
定位	往右移动	Tab
定位	往左移动	Shift+Tab
定位，End	进入、退出 End 模式	End
定位，End	在 End 状态中，定位到数据块的边界处	←，→，↑，↓
定位，End	在 End 状态中，定位到右下角的单元格中	Home
定位，End	在 End 状态中，定位到最右边界处	Enter
格式化	打开单元格格式对话框	Ctrl+1
格式化	打开样式对话框	Alt+ '
格式化	对所选区域制作外框线	Ctrl+Shift+&
格式化	删除线	Ctrl+5
格式化	移去所选区域的外框线	Ctrl+ Shift+ -
格式化	应用“常规”数字格式	Ctrl+ Shift+～
格式化	应用两位小数、负数为括号的货币格式	Ctrl+Shift+$
格式化	应用两位小数、有千分位、负号的数字格式	Ctrl+Shift+!
格式化	应用两位小数的科学记数法	Ctrl+Shift+^
格式化	应用没有小数的百分数格式	Ctrl+Shift+%
格式化	应用年-月-日的日期格式	Ctrl+Shift+#
格式化	应用时-分，标明 AM 或 PM 的时间格式	Ctrl+Shift+@
输入数据	（输入公式名后）打开公式向导框	Ctrl+A
输入数据	（输入公式名后）得到公式中的变量名和括号	Ctrl+ Shift+A
输入数据	切换显示单元格数值/公式	Ctrl+、
输入数据	编辑活动单元格	F2

续表

Excel 2010 常用快捷键

分类	意义	组合键
输入数据	定位到行首	Home
输入数据	复制上一行单元格的数据	Ctrl+D
输入数据	复制上一行单元格中的公式	Ctrl+‘
输入数据	复制上一行单元格中的计算结果数据	Ctrl+ Shift+ “
输入数据	复制左列单元格的数据	Ctrl+R
输入数据	计算当前工作表中的公式	Shift+F9
输入数据	计算所有工作表中的公式	F9
输入数据	插入函数	Shift+F3
输入数据	将名称粘贴到公式中	F3
输入数据	将输入的内容填充到所选单元格区域中	Ctrl+Enter
输入数据	开始输入公式	=
输入数据	取消输入	ESC
输入数据	删除当前单元格内容或删除光标右侧的字符	Delete
输入数据	删除当前单元格内容或删除光标左侧的字符	BackSpace
输入数据	删除光标至行尾的所有字符	Ctrl+Delete
输入数据	完成单元格输入定位到上一行的单元格	Shift+Enter
输入数据	完成单元格输入定位到下一行的单元格	Enter
输入数据	完成单元格输入定位到右列的单元格	Tab
输入数据	完成单元格输入定位到左列的单元格	Shift+Tab
输入数据	显示“记忆式输入”列表	Alt+↓
输入数据	在单元格中换行	Alt+Enter
选择	将选择区域扩展到 A1 单元格	Ctrl+ Shift+Home
选择	将选择区域扩展到行首	Shift+Home
选择	将选择区域扩展到工作表的最后一个包含数据的单元格	Ctrl+ Shift+End
选择	将选择区域扩展到与活动单元格同一行或同一列的最后一个非空白单元格	Ctrl+Shift+←，→，↑，↓
选择	将选择区域扩展到一个单元格宽度	Shift+←，→，↑，↓
选择	将选择区域向上扩展一屏	Shift+Page Up
选择	将选择区域向下扩展一屏	Shift+Page Down

续表

Excel 2010 常用快捷键		
分类	意义	组合键
选择	取消扩展选择方式	Shift+F8
选择	进入扩展选择方式，可以使用方向键进行选择	F8
选择	如果已经选择了多个单元格，则只选择其中的活动单元格	Shift+BackSpace
选择	将选择区域扩展到工作表的最后一个包含数据的单元格	Ctrl+Shift+End
选择	将选择区域扩展到行首	Shift+Home
选择	选择当前单元格所从属的数组单元格区域	Ctrl+/
选择	选择当前单元格周围的区域	Ctrl+ Shift+*
选择	选择当前选择区域中的可见单元格	Alt+;
选择	选择所选区域中公式的直接或间接引用单元格	Ctrl+Shift+[
选择	选择所选区域中的直接引用单元格	Ctrl+[
选择	选择所有带批注的单元格	Ctrl+Shift+O
选择	选择整个工作表	Ctrl+A
选择	选择整列	Ctrl+Space
选择	选择整行	Shift+Space
选择	选择直接或间接引用当前单元格的公式所在的单元格	Ctrl+ Shift+]
选择，工作表	选择当前和上一个工作表	Ctrl+ Shift+Page Up
选择，工作表	选择当前和下一个工作表	Ctrl+ Shift+Page Down
选择，数据透视表	（选择数据透视表标题后）打开标题列表	Alt+ ↓
选择，数据透视表	完成在标题列表中的设置并显示所选内容	Enter
选择，图表	在图表状态下，选择前一个图表项组	↓
选择，图表	在图表状态下，选择下一个图表项组	↑
选择，自动筛选	打开当前列的自动筛选列表	Alt+ ↓
选择，自动筛选	关闭当前列的自动筛选列表	Alt+ ↑

PowerPoint 2010 用快捷键		
分类	意义	组合键
定位	定位到上一个段落	Ctrl+Page Up
定位	定位到下一个工作表	Ctrl+Page Down
定位	定位到文本框开始处	Ctrl+Home

续表

PowerPoint 2010 用快捷键

分类	意义	组合键
定位	定位到文本框结束处	Ctrl+End
定位	定位到下一个文本框	Ctrl+Enter
选择	选择右侧一个字符	Shift+→
选择	选择左侧一个字符	Shift+←
选择	选择右侧一个词	Ctrl+ Shift+→
选择	选择左侧一个词	Ctrl+ Shift+←
选择	向上选择一行	Shift+↑
选择	向下选择一行	Shift+↓
选择	顺序选择一个对象	Tab
选择	反顺序选择一个对象	Shift+Tab
选择	（选择了文本框后）选择文本框内的文字	Enter
选择	（在幻灯片视图中）选择全部对象	Ctrl+A
选择	（在幻灯片浏览视图中）选择全部幻灯片	Ctrl+A
选择	（在大纲视图中）选择全部文字内容	Ctrl+A
选择	增大字号	Ctrl+Shift+.
选择	减小字号	Ctrl+Shift+,
放映	下一个幻灯片	Enter 或 Page Down 或→或↓或 Space 或单击左键
放映	前一个幻灯片	P 或 Page Up 或←或↑或 Backspace
放映	第 n 张幻灯片	n+Enter
放映	黑屏	B 或.
放映	白屏	W 或;
放映	停止/启动自动放映	S 或+
放映	结束放映	ESC 或 Ctrl+Break 或 -
放映	清除绘制笔	E
放映	放映下一张隐藏幻灯片	H
放映	重新设置预演时间	T
放映	恢复预演时间	O
放映	箭头/绘制笔的切换	Ctrl+P 或 Ctrl+A
放映	立即隐藏箭头和按钮	Ctrl+H
放映	15 秒内隐藏箭头和按钮	Ctrl+U
放映	显示快捷菜单	Shift+F10 或单击鼠标右键
放映	打开第一个或下一个超级链接	Tab

附录C Excel常用函数汇编

数据库函数

函数	说明
DAVERAGE	返回所选数据库条目的平均值
DCOUNT	计算数据库中包含数字的单元格的数量
DCOUNTA	计算数据库中非空单元格的数量
DGET	从数据库提取符合指定条件的单个记录
DMAX	返回所选数据库条目的最大值
DMIN	返回所选数据库条目的最小值
DPRODUCT	将数据库中符合条件的记录的特定字段中的值相乘
DSTDEV	基于所选数据库条目的样本估算标准偏差
DSTDEVP	基于所选数据库条目的样本总体计算标准偏差
DSUM	对数据库中符合条件的记录的字段列中的数字求和
DVAR	基于所选数据库条目的样本估算方差
DVARP	基于所选数据库条目的样本总体计算方差

日期和时间函数

函数	说明
DATE	返回特定日期的序列号
DATEVALUE	将文本格式的日期转换为序列号
DAY	将序列号转换为月份日期
DAYS360	以一年 360 天为基准计算两个日期间的天数
EDATE	返回用于表示开始日期之前或之后月数的日期的序列号
EOMONTH	返回指定月数之前或之后的月份的最后一天的序列号
HOUR	将序列号转换为小时
MINUTE	将序列号转换为分钟
MONTH	将序列号转换为月
NETWORKDAYS	返回两个日期间的全部工作日数
NOW	返回当前日期和时间的序列号
SECOND	将序列号转换为秒
TIME	返回特定时间的序列号
TIMEVALUE	将文本格式的时间转换为序列号
TODAY	返回今天日期的序列号
WEEKDAY	将序列号转换为星期日期
WEEKNUM	将序列号转换为代表该星期为一年中第几周的数字
WORKDAY	返回指定的若干个工作日之前或之后的日期的序列号
YEAR	将序列号转换为年
YEARFRAC	返回代表 start_date 和 end_date 之间整天天数的年分数

逻辑函数

函数	说明
AND	如果其所有参数均为 TRUE，则返回 TRUE
FALSE	返回逻辑值 FALSE
IF	指定要执行的逻辑检测

续表

逻辑函数	
函数	说明
IFERROR	如果公式的计算结果错误，则返回您指定的值；否则返回公式的结果
NOT	对其参数的逻辑求反
OR	如果任一参数为 TRUE，则返回 TRUE
TRUE	返回逻辑值 TRUE
查找和引用函数	
函数	说明
ADDRESS	以文本形式将引用值返回到工作表的单个单元格
AREAS	返回引用中涉及的区域个数
CHOOSE	从值的列表中选择值
COLUMN	返回引用的列号
COLUMNS	返回引用中包含的列数
HLOOKUP	查找数组的首行，并返回指定单元格的值
HYPERLINK	创建快捷方式或跳转，以打开存储在网络服务器、Intranet 或 Internet 上的文档
INDEX	使用索引从引用或数组中选择值
INDIRECT	返回由文本值指定的引用
LOOKUP	在向量或数组中查找值
MATCH	在引用或数组中查找值
OFFSET	从给定引用中返回引用偏移量
ROW	返回引用的行号
ROWS	返回引用中的行数
TRANSPOSE	返回数组的转置
VLOOKUP	在数组第一列中查找，然后在行之间移动以返回单元格的值
数学和三角函数	
函数	说明
ABS	返回数字的绝对值
ACOS	返回数字的反余弦值
ACOSH	返回数字的反双曲余弦值
ASIN	返回数字的反正弦值
ASINH	返回数字的反双曲正弦值
ATAN	返回数字的反正切值
ATAN2	返回 x 和 y 坐标的反正切值
ATANH	返回数字的反双曲正切值
CEILING	将数字舍入为最接近的整数或最接近的指定基数的倍数
COMBIN	返回给定数目对象的组合数
COS	返回数字的余弦值
COSH	返回数字的双曲余弦值
DEGREES	将弧度转换为度
EVEN	将数字向上舍入到最接近的偶数
EXP	返回 e 的 n 次方
FACT	返回数字的阶乘
FACTDOUBLE	返回数字的双倍阶乘

续表

数学和三角函数	
函数	说明
FLOOR	向绝对值减小的方向舍入数字
GCD	返回最大公约数
INT	将数字向下舍入到最接近的整数
LCM	返回最小公倍数
LN	返回数字的自然对数
LOG	返回数字的以指定底为底的对数
LOG10	返回数字的以 10 为底的对数
MDETERM	返回数组的矩阵行列式的值
MINVERSE	返回数组的逆矩阵
MMULT	返回两个数组的矩阵乘积
MOD	返回除法的余数
MROUND	返回一个舍入到所需倍数的数字
MULTINOMIAL	返回一组数字的多项式
ODD	将数字向上舍入为最接近的奇数
PI	返回 pi 的值
POWER	返回数的乘幂
PRODUCT	将其参数相乘
QUOTIENT	返回除法的整数部分
RADIANS	将度转换为弧度
RAND	返回 0 和 1 之间的一个随机数
RANDBETWEEN	返回位于两个指定数之间的一个随机数
ROMAN	将阿拉伯数字转换为文本式罗马数字
ROUND	将数字按指定位数舍入
ROUNDDOWN	向绝对值减小的方向舍入数字
ROUNDUP	向绝对值增大的方向舍入数字
SERIESSUM	返回基于公式的幂级数的和
SIGN	返回数字的符号
SIN	返回给定角度的正弦值
SINH	返回数字的双曲正弦值
SQRT	返回正平方根
SQRTPI	返回某数与 pi 的乘积的平方根
SUM	求参数的和
SUMIF	按给定条件对指定单元格求和
SUMIFS	在区域中添加满足多个条件的单元格
SUMPRODUCT	返回对应的数组元素的乘积和
SUMSQ	返回参数的平方和
SUMX2MY2	返回两数组中对应值平方差之和
SUMX2PY2	返回两数组中对应值的平方和之和
SUMXMY2	返回两个数组中对应值差的平方和
TAN	返回数字的正切值
TANH	返回数字的双曲正切值

续表

数学和三角函数	
函数	说明
TRUNC	将数字截尾取整
统计函数	
函数	说明
AVEDEV	返回数据点与它们的平均值的绝对偏差平均值
AVERAGE	返回其参数的平均值
AVERAGEA	返回其参数的平均值，包括数字、文本和逻辑值
AVERAGEIF	返回区域中满足给定条件的所有单元格的平均值（算术平均值）
AVERAGEIFS	返回满足多个条件的所有单元格的平均值（算术平均值）
BETADIST	返回 Beta 累积分布函数
BETAINV	返回指定 Beta 分布的累积分布函数的反函数
BINOMDIST	返回一元二项式分布的概率值
CHIDIST	返回 $\chi 2$ 分布的单尾概率
CHIINV	返回 $\gamma 2$ 分布的单尾概率的反函数
CHITEST	返回独立性检验值
CONFIDENCE	返回总体平均值的置信区间
CORREL	返回两个数据集之间的相关系数
COUNT	计算参数列表中数字的个数
COUNTA	计算参数列表中值的个数
COUNTBLANK	计算区域内空白单元格的数量
COUNTIF	计算区域内符合给定条件的单元格的数量
COUNTIFS	计算区域内符合多个条件的单元格的数量
COVAR	返回协方差，成对偏差乘积的平均值
CRITBINOM	返回使累积二项式分布小于或等于临界值的最小值
DEVSQ	返回偏差的平方和
EXPONDIST	返回指数分布
FDIST	返回 F 概率分布
FINV	返回 F 概率分布的反函数值
FISHER	返回 Fisher 变换值
FISHERINV	返回 Fisher 变换的反函数值
FORECAST	返回沿线性趋势的值
FREQUENCY	以垂直数组的形式返回频率分布
FTEST	返回 F 检验的结果
GAMMADIST	返回 γ 分布
GAMMAINV	返回 γ 累积分布函数的反函数
GAMMALN	返回 γ 函数的自然对数，$\Gamma(x)$
GEOMEAN	返回几何平均值
GROWTH	返回沿指数趋势的值
HARMEAN	返回调和平均值
HYPGEOMDIST	返回超几何分布
INTERCEPT	返回线性回归线的截距
KURT	返回数据集的峰值

续表

统计函数	
函数	说明
LARGE	返回数据集中第 k 个最大值
LINEST	返回线性趋势的参数
LOGEST	返回指数趋势的参数
LOGINV	返回对数分布函数的反函数
LOGNORMDIST	返回对数累积分布函数
MAX	返回参数列表中的最大值
MAXA	返回参数列表中的最大值，包括数字、文本和逻辑值
MEDIAN	返回给定数值集合的中值
MIN	返回参数列表中的最小值
MINA	返回参数列表中的最小值，包括数字、文本和逻辑值
MODE	返回在数据集内出现次数最多的值
NEGBINOMDIST	返回负二项式分布
NORMDIST	返回正态累积分布
NORMINV	返回标准正态累积分布的反函数
NORMSDIST	返回标准正态累积分布
NORMSINV	返回标准正态累积分布函数的反函数
PEARSON	返回 Pearson 乘积矩相关系数
PERCENTILE	返回区域中数值的第 k 个百分点的值
PERCENTRANK	返回数据集中值的百分比排位
PERMUT	返回给定数目对象的排列数
POISSON	返回泊松分布
PROB	返回区域中的数值落在指定区间内的概率
QUARTILE	返回一组数据的四分位点
RANK	返回一列数字的数字排位
RSQ	返回 Pearson 乘积矩相关系数的平方
SKEW	返回分布的不对称度
SLOPE	返回线性回归线的斜率
SMALL	返回数据集中的第 k 个最小值
STANDARDIZE	返回正态化数值
STDEV	基于样本估算标准偏差
STDEVA	基于样本（包括数字、文本和逻辑值）估算标准偏差
STDEVP	基于整个样本总体计算标准偏差
STDEVPA	基于总体（包括数字、文本和逻辑值）计算标准偏差
STEYX	返回通过线性回归法预测每个 x 的 y 值时所产生的标准误差
TDIST	返回学生的 t 分布
TINV	返回学生的 t 分布的反函数
TREND	返回沿线性趋势的值
TRIMMEAN	返回数据集的内部平均值
TTEST	返回与学生的 t 检验相关的概率
VAR	基于样本估算方差
VARA	基于样本（包括数字、文本和逻辑值）估算方差

续表

统计函数	
函数	说明
VARP	计算基于样本总体的方差
VARPA	计算基于总体（包括数字、文本和逻辑值）的标准偏差
WEIBULL	返回 Weibull 分布
ZTEST	返回 z 检验的单尾概率值

文本函数

函数	说明
ASC	将字符串中的全角（双字节）英文字母或片假名更改为半角（单字节）字符
BAHTTEXT	使用 ß（泰铢）货币格式将数字转换为文本
CHAR	返回由代码数字指定的字符
CLEAN	删除文本中所有非打印字符
CODE	返回文本字符串中第一个字符的数字代码
CONCATENATE	将几个文本项合并为一个文本项
DOLLAR	使用$（美元）货币格式将数字转换为文本
EXACT	检查两个文本值是否相同
FIND	在一个文本值中查找另一个文本值（区分大小写）
FIXED	将数字格式设置为具有固定小数位数的文本
JIS	将字符串中的半角（单字节）英文字母或片假名更改为全角（双字节）字符
LEFT	返回文本值中最左边的字符
LEN	返回文本字符串中的字符个数
LOWER	将文本转换为小写
MID	从文本字符串中的指定位置起返回特定个数的字符
PHONETIC	提取文本字符串中的拼音（汉字注音）字符
PROPER	将文本值的每个字的首字母大写
REPLA	替换文本中的字符
REPT	按给定次数重复文本
RIGHT	返回文本值中最右边的字符
SEARC	在一个文本值中查找另一个文本值（不区分大小写）
SUBSTITUTE	在文本字符串中用新文本替换旧文本
T	将参数转换为文本
TEXT	设置数字格式并将其转换为文本
TRIM	删除文本中的空格
UPPER	将文本转换为大写形式
VALUE	将文本参数转换为数字

附录D　思考与练习参考答案

第1章

1. 计算机的发展经历了哪几个阶段？各阶段的特点是什么？

第一代（1946年～1958年）是电子管计算机。这种计算机使用的主要逻辑元件是电子管，这个时期计算机的特点是体积庞大、运算速度低（每秒几千次到几万次）、成本高、可靠性差、内存容量少。这个时期的计算机主要用于数值计算和军事科学方面的研究。

第二代（1959年～1964年）是晶体管计算机。这种计算机使用的主要逻辑元件是晶体管，这个时期计算机运行速度已有了很大的提高，体积也大大减小，可靠性和内存容量也有较大的提高，不仅用于军事与尖端技术方面，而且在工程设计、数据处理、事务管理、工业控制等领域也开始得到应用。

第三代（1965年～1970年）是集成电路计算机。这种计算机中的逻辑元件由中、小规模集成电路所代替，这一时期计算机设计的基本思想是标准化、模块化、系列化，成本进一步降低，体积进一步缩小，兼容性更好，应用更加广泛。

第四代（1971年以后）是大规模集成电路计算机。这种计算机的主要逻辑元件是大规模和超大规模集成电路，这一时期计算机的运行速度可达每秒钟上千万次到万亿次，体积更小，成本更低，存储容量和可靠性又有了很大的提高，功能更加完善，计算机应用的深度和广度有了很大发展。

2. 计算机有哪些特点？计算机有哪些应用领域？试举一、二例加以说明。

（1）运算速度快。

当今计算机系统的运算速度已达到每秒万亿次，微机也可达到每秒亿次以上，使大量复杂的科学计算问题得以解决。例如卫星轨道计算、天气预报计算和大型水坝计算等。

（2）运算精度高。

科学技术的发展，特别是尖端科学技术的发展，需要高度精确的计算。一般计算机可以有十几位甚至几十位（二进制）有效数字，计算精度可由千分之几到百万分之几。例如用计算机精确控制导弹等。

（3）记忆功能强，存储容量大。

计算机的存储器可以存储大量的数据和资料信息。例如一个大容量的光盘可以存放整个图书馆的书籍和文献资料。计算机不仅可以存储字符，还可以存储图像和声音等。

（4）逻辑判断能力强。

计算机具有逻辑判断能力，即对两个事件进行比较，根据比较的结果可以自动确定下一步该做什么。有了这种能力，计算机就能够实现自动控制，快速地完成多种任务。

（5）可靠性高。

计算机可以连续无故障地运行几个月甚至几年。随着超大规模集成电路的发展，计算机的可靠性越来越高。

（6）通用性强。

计算机的通用性体现在它能把任何复杂、繁重的信息处理任务分解为大量的基本算术和逻辑运算，甚至进行推理和证明。由于计算机具有逻辑判断能力，它能够把各种运算有机地组织成为复杂多变的包括文字、图像、图形和声音的计算机控制流程，使得计算机具有极大的通用性。例如，可以将指令按照执行的先后次序组织成各种程序。

3. 将下列数字按要求进行转换。

- 十进制数转换成二进制数：5，11，186，1/4，6.125，3.625

- 十六进制数转换成二进制数：$(70.521)_{16}$，$(10A.B2F)_{16}$
- 二进制数转换成十进制数：11011，0.101，0.001101，11101.1011，010.001
- 二进制数转换成十六进制数：110110111.1001011，101010011.0011101

4. 什么是 ASCII？请查出“B”、“a”、“O”的 ASCII 值？

41H、61H、4FH

5. 计算机系统由哪几个部分组成？各部分的功能是什么？

一个完整的计算机系统包括硬件系统和软件系统两大部分。所谓硬件，是指构成计算机的物理设备；所谓软件是指程序以及开发、使用和维护程序所需的所有文档的集合。

6. 什么是解释方式？什么是编译方式？

解释方式是每执行一句就翻译一句即边执行边解释。这种方式每次运行程序时都要重新翻译整个程序，效率较低，执行速度慢；编译方式是在程序第一次执行前就先执一个全部的翻译过程，然后每次执行的时候就可以直接执行这个翻译好的二进制文件了，这样的程序只需要翻译一次，效率明显要高很多。

7. CPU 能直接访问外存储器吗？为什么？

不能。外存的信息必须调入内存才能被 CPU 使用。

8. 微型计算机中 ROM 与 RAM 的区别是什么？

ROM（Read-Only-Memory）内的信息一旦被写入就固定不变，只能被读出不能被改写，即使断电也不会丢失。因此 ROM 中常保存一些长久不变的信息。例如，IBM-PC 类计算机的 ROM 中，由厂家将磁盘引导程序、自检程序和 I/O 驱动程序等常用的程序和信息写入 ROM 中避免丢失、破坏。

RAM（random access memory）是一种通过指令可以随机存取存储器内任意单元的存储器，又称读写存储器。RAM 中存储的是正在运行的程序的数据。RAM 的容量越大，机器性能越好，目前常用内存容量为 1GB、2GB 等。值得注意的是，RAM 只是临时存储信息，一旦断电，RAM 中的程序和数据会全部丢失。

9. CPU 的字长与能处理的二进制数有什么关系？试举例说明。

字长是指计算机中参与运算的二进制位数，它决定计算机内寄存器、运算器和总线的位数，对计算机的运算速度、计算精度有重要影响。计算机的字长主要有 8 位、16 位、32 位和 64 位几种。目前使用最广泛的计算机系统的字长是 64 位。

10. 衡量计算机系统的指标有哪些？

指标有字长、运算速度、时钟频率（主频）、内存容量、外存的容量与速度、外设配置、软件配置。

第 2 章

1. 简述计算机网络的定义、分类和主要功能。

计算机网络是将分散在不同地点且具有独立功能的多个计算机系统，利用通信设备和线路相互连接起来，在网络协议和软件的支持下进行数据通信、实现资源共享的计算机系统的集合。

按网络拓扑结构分类，计算机网络可划分为总线型网、星型网、环型网、树型网等；按地理覆盖范围的大小，计算机网络可划分为局域网、城域网、广域网和因特网 4 种。

计算机网络主要具有如下 4 个功能：

（1）数据通信：计算机网络主要提供传真、电子邮件、电子数据交换（EDI）、电子公告牌（BBS）、远程登录和浏览等数据通信服务。

（2）资源共享：凡是入网用户均能享受网络中各个计算机系统的全部或部分软件、硬件和数据资源。

（3）提高计算机的可靠性和可用性：网络中的每台计算机都可通过网络相互成为后备机。一旦某台计算机出现故障，它的任务就可由其他的计算机代为完成，这样可以避免在单击情况下，一台计算机发生故障引起整个系统瘫痪的现象，从而提高系统的可靠性。而当网络中的某台计算机负担过重时，网络又可以将新的任务交给较空闲的计算机完成，均衡负载，从而提高了每台计算机的可用性。

（4）分布式处理：通过算法将大型的综合性问题交给不同的计算机同时进行处理。用户可以根据需要合理选择网络资源，就近快速地进行处理。

2. 计算机网络发展分为几个阶段？每个阶段各有什么特点？

（1）第1阶段：面向终端的计算机网络。

20世纪60年代初，为了实现资源共享和提高工作效率，出现了面向终端的联机系统，有人称它是第一代计算机网络。面向终端的联机系统以单台计算机为中心，其原理是将地理上分散的多个终端通过通信线路连接到一台中心计算机上，利用中心计算机进行信息处理，其余终端都不具备自主信息处理能力。第一代计算机网络的典型代表是“美国飞机订票系统”，它用一台中心计算机连接着2 000多个遍布全美各地的终端，用户通过终端进行操作。这些应用系统的建立，构成了计算机网络的雏形，其缺点是：中心计算机负荷较重，通信线路利用率低，这种结构属集中控制方式，可靠性低。

（2）第2阶段：计算机—计算机网络。

20世纪60年代后期，随着计算机技术和通信技术的进步，出现了将多台计算机通过通信线路连接起来为用户提供服务的网络，这就是计算机—计算机网络，即第二代计算机网络。它与以单台计算机为中心的联机系统的显著区别是：这里的多台计算机都具有自主处理能力，它们之间不存在主从关系。在这种系统中，终端和中心计算机之间的通信已发展到计算机与计算机之间的通信。第二代计算机网络的典型代表是美国国防部高级研究计划署开发的项目ARPA网（ARPANET）。其缺点是：第二代计算机网络大都是由研究单位、大学和计算机公司各自研制的，没有统一的网络体系结构，不能适应信息社会日益发展的需要。若要实现更大范围的信息交换与共享，把不同的第二代计算机网络互连起来将十分困难。例如把一台IBM公司生产的计算机接入该公司的SNA（System Network Architecture）网是可以的，但把一台HP公司生产的计算机接入SNA网就不是一件容易的事。因而计算机网络必然要向更新的一代发展。

（3）第3阶段：开放式标准化网络。

为了使不同体系结构的网络也能相互交换信息，国际标准化组织（International Standards Organization，ISO）在1979年颁布了世界范围内网络互连的标准，称为“开放系统互连基本参考模型”（Open System Interconnection/Reference Model，OSI/RM）。该模型分为7个层次，简称OSI七层模型，是计算机网络体系结构的基础。从此，第三代计算机网络进入了飞速发展阶段。第三代计算机网络是开放式标准化网络，它具有统一的网络体系结构，遵循国际标准化协议，标准化使得不同的计算机网络能方便地互连在一起。

第三代计算机网络的典型代表是Internet（因特网），它是在原ARPANET的基础上经过改造而逐步发展起来的，采用TCP/IP协议。它对任何计算机开放，只要该计算机遵循TCP/IP协议并申请到IP地址，就可以通过信道接入Internet。TCP和IP是Internet所采用的一套协议中最核心的两个协议，分别称为传输控制协议（Transmission Control Protocol，TCP）和网际协议（Internet Protocol，IP）。它们是目前最流行的商业化协议，并被公认为事实上的国际标准。

（4）第4阶段：宽带化、综合化、数字化网络。

20世纪90年代后，计算机网络开始向宽带化、综合化、数字化方向发展。这就是人们常说的新一代或称为第四代计算机网络。

3. 计算机网络由哪几个部分组成？各部分的作用是什么？

计算机网络主要是由计算机系统、数据通信系统、网络软件及协议3大部分组成。计算机系统是网络的基本模块，为网络内的其他计算机提供共享资源；数据通信系统是连接网络基本模块的桥梁，它提供各种连接技术和信息交换技术；网络软件是网络的组织者和管理者，在网络协议的支持下，为网络用户提供各种服务。

4. 举例说明计算机网络的主要应用范围。

（1）数据通信。

数据通信是计算机网络的最基本功能。数据通信功能为网络中各计算机之间的数据传输提供了强有力的支持手段。

（2）资源共享。

计算机网络的主要目的是资源共享。计算机网络中的资源有数据资源、软件资源、硬件资源3类，网络中的用户可以使用其中的所有资源。如使用大型数据库信息，下载使用各种网络软件，共享网络服务器中的海量存储器等。资源共享可以最大程度地利用网络中的各种资源。

（3）分布与协同处理。

对于解决复杂的大型问题可采用合适的算法，将任务分散到网络中不同的计算机上进行分布式处理，建立性能优良的分布式数据库系统。这样，可以用几台普通的计算机连成高性能的分布式计算机系统。分布式处理还可以利用网络中暂时空闲的计算机，避免网络中出现忙闲不均的现象。

（4）提高系统的可靠性和可用性。

计算机网络一般都属于分布式控制方式，相同的资源可分布在不同地方的计算机上，网络可通过不同的路径来访问这些资源。当网络中的某一台计算机发生故障时，可由其他路径传送信息或选择其他系统代为处理，以保证用户的正常操作，不会因局部故障而导致系统瘫痪。如某台计算机发生故障而使其数据库中的数据遭到破坏时，可以从另一台计算机的备份数据库恢复遭到破坏的数据，从而提高系统的可靠性和可用性。

5. 你对资源共享有何理解？

资源共享是基于网络的资源分享，众多的网络爱好者不求利益，把自己收集的资源通过网络平台共享给大家

6. 局域网的主要特点是什么？

（1）局域网覆盖有限的地理范围，可以满足1个办公室、1幢大楼、1个仓库以及1个园区等有限范围内的计算机及各类通信设备的联网需求，地理范围通常在10 km内。

（2）局域网是由计算机、终端设备与各种互连设备组成。

（3）局域网具有数据传输速率高（通常为10M bit/s～1 000M bit/s）、误码率低（通常为10^{-8}～10^{-11}）的特点，而且具有较短的延时。

（4）局域网可以使用多种传输介质来连接，包括双绞线、同轴电缆、光缆等。

（5）局域网由一个单位或组织建设和拥有，易于管理和维护。

（6）局域网侧重于共享信息的处理问题，而不是传输问题。

（7）决定局域网性能的主要技术包括局域网拓扑结构、传输介质和介质访问控制方法。局域网技术是计算机网络中的一个重要分支，而且也是发展最快、应用最广泛的一项技术。

7. 局域网的基本网络拓扑结构有哪些？各有什么特点？

（1）总线型拓扑结构。

总线型拓扑结构是局域网主要的拓扑结构之一。由于总线是所有节点共享的公共传输介质（双绞线或同轴电缆），所以将总线型局域网称为“共享介质”局域网，其代表网络是以太网（Ethernet）。总线型局域网拓扑结构的优点是结构简单、实现容易、易于扩展、可靠性较好。由于总线作为公共传输介质为多个节点共享，就有可能在同一时刻有两个或两个以上节点通过总线发送数据，引起冲突，因此总线型局域网必须解决冲突问题。

（2）环型拓扑结构。

环型拓扑结构也是局域网主要的拓扑结构之一。同样，环型局域网也是一种共享介质局域网，网中多个节点共享一条环通路。为了确定环中的节点在什么时候传输数据，环型局域网也要进行介质访问控制，解决冲突问题。环型局域网的优点是控制简便、结构对称性好、传输速率高，常作为网络的主干，缺点是环上传输的任何数据都必须经过所有节点，断开环中的一个节点，意味着整个网络的通信终止。

（3）星型拓扑结构。

局域网中用得最广泛的是星型拓扑结构。其中每一个节点通过点到点的链路与中心节点进行连接，任何两个节点之间的通信都要通过中心节点转换。中心节点可以是交换机、集线器或转发器。星型局域网的优点是结构简单、建网容易、控制相对简单，缺点是中心节点负担过重，通信线路利用率低。目前，集中控制方式星型拓扑结构已较少采用，而分布式星型拓扑结构在现代局域网中采用较多，交换技术的发展使交换式星型局域网被广泛采用。

8. 计算机网络为什么采用层次化的体系结构？

一个完整的网络需要一系列网络协议构成一套完整的网络协议集，大多数网络在设计时，是将网络划分为若干个相互联系而又各自独立的层次，然后针对每个层次及每个层次间的关系制定相应的协议，这样可以减少协议设计的复杂性

9. 谈谈你对 MAC 地址的理解。

MAC（Medium/Media Access Control）地址，或称为 MAC 位址、物理地址，用来定义网络设备的位置，由长 48bit、12 个的 16 进制数字组成，0 到 23 位是厂商向 IETF 等机构申请用来标识厂商的代码，也称为“编制上唯一的标识符”（Organizationally Unique Identifier)，是识别 LAN（局域网）结点的标志。

10. 常用的传输介质有哪几种？各有什么特点？

（1）同轴电缆。

它具有高带宽和高抗干扰性，在数据传输速率和传输距离上都优于双绞线。由于技术成熟，同轴电缆是局域网中使用最普遍的物理传输介质，如以太网。但电缆硬、折曲困难、质量重，使同轴电缆不适合于楼宇内的结构化布线。

（2）双绞线。

它能减少来自其他导线中的信号干扰，而且价格便宜，也易于安装使用，但在传输距离、信道宽度和数据传输速率等方面均受到一定限制。

（3）光缆。

相对于双绞线和同轴电缆等金属传输介质，光缆有轻便、低衰减、大容量和电磁隔离等优点。目前光缆主要在大型局域网中用作主干线路的传输介质。

11. 局域网的种类有哪些？它们的主要特点是什么？

（1）专用服务器局域网（Server-Based）

专用服务器局域网是一种主/从式结构，即“工作站/文件服务器”结构的局域网，它是由若干台工作站和一台或多台文件服务器，通过通信线路连接起来的网络。该结构中，工作站可以存取文件服务器内的文件和数据及共享服务器存储设备，服务器可以为每一个工作站用户设置访问权限。但是，工作站相互之间不可能直接通信，不能进行软硬件资源的共享，这使得网络工作效率降低。Netware 网络操作系统是工作于专用服务器局域网的典型代表。

（2）客户机/服务器局域网（Client/Sever）

客户机/服务器局域网由一台或多台专用服务器来管理、控制网络的运行。该结构与专用服务器局域网相同的是所有工作站均可共享服务器的软硬件资源，不同的是客户机之间可以相互自由访问，所以数据的安全性较专用服务器局域网差，服务器对工作站的管理也较困难。但是，客户机/服务器局域网中服务器负担相对降低，工作站的资源也得到充分利用，提高了网络的工作效率。

通常，这种组网方式适用于计算机数量较多、位置相对分散和信息传输量较大的单位。工作站一般安装 Windows 9x、Windows NT 和 Windows 2000 Sever，它们是客户机/服务器局域网的代表性网络操作系统。

（3）对等局域网（Point-to-Point）

对等局域网又称为点对点网络，网中通信双方地位平等，使用相同的协议来通信。每个通信节点既是网络服务的提供者——服务器，又是网络服务的使用者——工作站，并且各节点和其他节点均可进行通信，可以共享网络中各计算机的存储容量和计算机具有的处理能力。对等局域网的组建和维护较容易，且成本低，结构简单，但数据的保密性较差，文件存储分散，而且不易升级。

12. 试说明在局域网中 3 种介质访问和控制方法的异同点。

（1）载波侦听多路访问（CSMA/CD）方法。

带有冲突检测的载波侦听多路访问方法适合于总线型局域网，它的工作原理是："先听后发，边听边发，冲突停止，随机延迟后重发"。其是发送的延时不确定，当网络负载很重时，冲突会增多，降低网络效率。目前，应用最广的一类总线型局域网——以太网，采用的就是 CSMA/CD。

（2）令牌总线（Token Bus）方法。

令牌总线是在总线型局域网中建立一个逻辑环，环中的每个节点都有上一节点地址（PS）与下一节点地址（NS）。令牌按照环中节点的位置依次循环传递，每一节点必须在它的最大持有时间内发完帧，即使未发完，也只能等待下次持有令牌时再发送。

（3）令牌环（Token Ring）方法。

令牌环适用于环型局域网，它不同于令牌总线的是令牌环网中的节点连接成的是一个物理环结构，而不是逻辑环结构。环工作正常时，令牌总是沿着物理环中节点的排列顺序依次传递的。当 A 节点要向 D 节点发送数据时，必须等待空闲令牌的到来。A 节点持有令牌后，传送数据，B、C、D 节点都会依次收到帧。但只有 D 节点对该数据帧进行复制，同时将此数据帧转发给下一个节点，直到最后又回到了源节点 A。

13. 说明 Internet、WWW、Intranet 的含义。

Intranet 是基于 TCP/IP 协议，使用 WWW 工具，采用防止外界侵入的安全措施，为企业内部服务并有连接 Internet 功能的企业内部网络，简称内联网。

WWW 是 World Wide Web 的简称，译为万维网。WWW 是以超文本标记语言和超文本传输协议为基础，能够提供面向 Internet 服务的、一致的用户界面信息浏览系统。

Internet 就是将成千上万的不同类型的计算机以及计算机网络通过电话线、高速专用线、卫星、微波和光缆连接在一起，并允许它们根据一定的规则（TCP/IP 协议）进行互相通信，从而把整个世界联系在一起的网络。

14. Internet 使用的是什么通信协议？

TCP/IP 协议。

15. 阐述 Internet 的工作原理。

Internet 中一个最重要的关键技术是 TCP/IP 协议，其组成了 Internet 世界的通用语言，连入 Internet 的每一台计算机都能理解这个协议，并且依据它来发送和接收来自 Internet 上的另一台计算机的数据。

TCP/IP 协议建立了称为分组交换（或包交换）的网络，这是一种目的在于使得沿着线路传送数据的丢失情况达到最少而又效率最高的网络。

当传送数据（如电子邮件或一个共享软件）时，TCP 协议首先把整个数据分解为称作分组（或称作包）的小块，每个分组由一个电子信封封装起来，附上发送者和接收者的地址，就像我们日常生活中收发邮件一样。然后 IP 协议解决数据应该怎样通过 Internet 中连接的各个子网的一系列路由器、从一个节点传送到另一个节点的问题。

每个路由器都会检查它所接收到的分组的目的地址，然后根据目的地址传送到另一个路由器。

如果一个电子邮件被分成 10 个分组，每个分组可能会有完全不同的路由。但是收发邮件者是不会察觉这一点的，因为分组到达目的地以后，TCP 协议将其接收并鉴别每个分组是否正确、完整。一旦接收到了所有的分组，TCP 协议就会把它们组装成原来的形式。

16. 域名等于 IP 地址，这种说法对吗？为什么？

不对。IP 地址是 Internet 上主机地址的数字形式，由 32 位二进制数组成。

Internet 域名采用层次型结构，反映一定的区域层次隶属关系，是比 IP 地址更高级、更直观的地址。域名由若干个英文字母和数字组成，由“.”分隔成几个层次。

17. 一台拥有 A 类 IP 地址的主机肯定比拥有 B 类或 C 类 IP 地址的主机性能高，这种说法是否正确？

不对。

18. Internet 在中国的发展可分为几个阶段？具体情况如何？

第一个阶段为 1987 年～1993 年，这个阶段的特征是通过 X.25 线路实现和 Internet 电子邮件系统的互连。在这个阶段中，我国的一些大学和科研机构通过与国外大学和科研机构的合作，通过拨号 X.25 连通了 Internet 电子邮件系统。1987 年 9 月 20 日 22 点 55 分，由北京计算机应用研究所向世界发出第一封中国的电子邮件，标志着我国开始进入 Internet。

第二个阶段从 1994 年开始，中国作为第 71 个国家级网络于 1994 年 3 月正式加入 Internet 并建立了中国顶级域名服务器，实现了网上全部功能。1996 年以后，Internet 在我国得到迅速发展。到目前为止，我国已建立起具有相当规模与技术水平的、接入 Internet 的 8 大互联网，形成中国的 Internet 主干网络，国际线路出口的总容量达 3 257 Mbit/s。

19. 试举例说明 Internet 服务项目。

Internet 服务项目有电子邮件服务、WWW 服务、文件传输服务、远程登录及其他最新服务，如电子公告牌 BBS、电子商务、博客 Blog、IP 电话、网格计算等。

20. 电子政务可分为哪 3 个阶段？

电子政务可分为网上政府、增值服务和电子社区 3 个阶段。

21. 电子政务建设应注意哪些问题？

统一规划，加强领导；需求主导，推出重点；整合资源，拉动产业；统一标准，保障安全。

22. 简述电子政务提供的 3 类增值服务。

（1）事务服务

政府模式的逐步信息化、网络化，使得传统政府的各种事务能逐渐集中到网上处理，政府事务更加规范化，体现了公开、公平、公正的原则，其广泛性、先进性、方便性也为人们普遍接受和应用。例如：网上进出口管理、网上税务、网络银行、网上会议等。

（2）信息服务

随着政府机关的职能优化和对资源的深入挖掘，许多政府部门都陆续建立了面向行业内部和面向公众开放的数据库，这些信息库富含了大量有价值的信息资源，从而形成服务市场与多方盈利机会。例如：北京市工商行政管理局的“三网一体”系统。北京市工商行政管理局先后开发建设了“金网”、“红盾信息网”和“红盾 3.15 网”，初步形成了工商行政管理日常业务、电子政务和信息服务“三网一体”政务信息化格局。

（3）功能服务

很多政府机关属于特定行业，拥有自己的技术优势，将部分资源整合后可以向公众提供各种专业性服务，同时也对行业内相关法律法规的制订拥有主导的权力。因此，电子政务对其来说更能监督检验法律法规的实施程度，便于规范行业秩序，另外也可带动企业有效地进行各类电子商务运作。例如，卫生部的网上医院工程，应用前景有远程医疗、专家咨询、药品（含医疗器械）电子商务等。教育部的网上教育系统工程，其应用前景有远程教育、实时应试、实时留学双方接洽等。

23. 简述网络安全的意义。

网络安全可以使网络系统的硬件、软件及其系统中的数据受到保护，不因偶然的或者恶意的原因而遭受到破坏、更改、泄露，使系统连续可靠正常地运行，网络服务不中断。

24. 网络管理的内容主要有哪几个方面？

网络管理的内容可分为以下5个方面。

（1）使用访问控制机制，阻止非授权用户进入网络，即“进不来”，从而保证网络系统的可用性。

（2）使用授权机制，实现对用户的权限控制，即不该拿走的“拿不走”，同时结合内容审计机制，实现对网络资源及信息的可控性。

（3）使用加密机制，确保信息不泄漏给未授权的实体或进程，即“看不懂”，从而实现信息的保密性。

（4）使用数据完整性鉴别机制，保证只有得到允许的人才能修改数据，而其他人“改不了”，从而确保信息的完整性。

（5）使用审计、监控、防抵赖等安全机制，使得攻击者、破坏者、抵赖者“走不脱”，并进一步对网络出现的问题提供调查依据和手段，实现信息安全的可审查性。

25. 举例说明几种Internet接入技术。

Internet的接入技术有以下4种。

（1）WLAN（Wireless Local Area Networks 无线局域网络）。

（2）GPRS（General Packet Radio Service 通用分组无线业务）

（3）CDMA（Code Division Multiple Access 码分多址）。

（4）3G（3rd-generation 第三代移动通信技术）。

第3章

一、填空题

1. 多种媒体信息　逻辑连接　交互性　　2. 声卡　　3. 4.7GB　　4. 超媒体
5. gif　6. 有损　　7. wav　　8. 语音合成　　9. JPEG　　10. 有损

二、选择题（单选）

1. B　2. D　3. C　4. B　5. C　6. D　7. A　8. A　9. A　10. D

三、简答题

1. 答：多媒体计算机指能处理文字、图形、图像、动画、声音及影像等各种信息的计算机。

2. 答：无损压缩法；有损压缩法。

3. 答：视频、音频信号的获取技术；多媒体数据压缩编码和解码技术；视频、音频数据的实时处理和特技；视频、音频数据的输出技术。

4. 答：MIDI是乐器数字接口的缩写，始建于1982年，MIDI泛指数字乐器接口国际标准。标准的多媒体PC平台能够通过内部合成器或连到计算机端口的外部合成器播放MIDI文件。MIDI标准规定了不同厂家的电子乐器与计算机连接的电缆和硬件。它还指定了从一个装置传送数据到另一个装置的通信协议。这样，任何电子乐器，只要有处理MIDI信息的处理器和适当的硬件接口都能变成MIDI装置。MIDI间靠这个接口传递消息（Massage），消息是乐谱（Score）的数字描述。乐谱由音符序列、定时和合成音色（Patches）的乐器定义所组成。当一组MIDI消息通过音乐合成芯片演奏时，合成器解释这些符号，并产生音乐。

5. 答：多媒体技术促进了通信、娱乐和计算机的融合，主要体现在以下3个方面。

（1）多媒体技术是解决常规电视数字化及高清晰度电视（HDTV）切实可行的方案。采用多媒体计算机技术制造HDTV，它可支持任意分辨率的输出，输入、输出分辨率可以独立，输出分辨率可以任意变化，可以用任意窗口尺寸输出。与此同时，它还赋予 HDTV 很多新的功能，如图形功能、视频音频特技以及交互式功能。多媒体计算机技术在常规电视和高清晰度电视的影视节目制作中的应用可分成两个层次。一个层次是影视画面的制作：采用计算机软件生成二维、三维动画画面；摄像机在摄制真实的影视画面后采用数字图像处理技术制作影视特技画面；最后是采用计算机将生成和实时结合用图像处理技术制作影视特技画面。另一个层次是影视后期制作，如现在常用的数字式非线性编辑器，实质上是一台多媒体计算机，它需要有广播级质量的视频、音频的获取和输出、压缩解压缩、实时处理和特技以及编辑功能。

（2）用多媒体技术制作 VCD 及影视音响卡拉 OK 机。多媒体数据压缩和解压缩技术是多媒体计算机系统中的关键技术，VCD 就是利用 MPEG-1 的音频编码技术将声音压缩到原来的 1/6。

（3）采用多媒体技术创造 PIC（个人信息通信中心），即采用多媒体技术使一台个人计算机具有录音电话机、可视电话机、图文传真机、立体声音向设备、电视机和录像机等多种功能，即完成通信、娱乐和计算机的功能。如果计算机再配备丰富的软件联接上网，还可以完成许多功能，进一步提高用户的工作效率。

第4章

一、填空题

1. 个性化　　2. 个性化　更改鼠标指针　　3. Ctrl　Esc
4. Alt　　5. Ctrl+A

二、问答题

1. 解答：文件夹的复制方法常用的有如下 3 种。

（1）使用快捷菜单命令。

- 选择要复制的文件夹，单击鼠标右键，在弹出的快捷菜单上选择“复制”命令。
- 找到复制的目标位置，空白处单击鼠标右键，在弹出的快捷菜单上选择“粘贴”命令。
- 在目标位置看到已复制过的文件夹。

（2）使用鼠标拖动。

选择要复制的文件夹，按下鼠标左键拖动该文件夹，如果复制的目标位置与文件夹当前所在位置是同一磁盘目录，需要在拖动鼠标同时按下键盘的 Ctrl 键，如果复制的目标位置与文件夹当前所在位置不是同一磁盘目录，直接拖动至目标位置，即可实现复制。

（3）使用快捷键。

选择要复制的文件夹，按下组合键 Ctrl+C。

找到复制的目标位置，按下组合键 Ctrl+V。

2. 解答：Win 7 操作系统下常见的菜单约定有以下几种。

（1）颜色变灰的命令，表示该命令暂时不能使用。

（2）带下划线的字母称为热键，按 Alt 键的同时按该字母键，可以选择主菜单中的项目。

（3）命令的右边带个三角符号“▸”，表示单击会显示下一级菜单。

（4）省略号“……”：表示单击该项会弹出一个对话框。

（5）“√”或“●”标记：表示该项目目前处于被选中的状态。

3. 解答：屏幕保护程序的两个作用如下。

（1）省电。因为有的显示器在屏幕保护作用下屏幕亮度小于工作时的亮度，这样有助于省电。

（2）更重要的是还可以保护显示器。假如未启动屏保，长时间不使用电脑的时候显示器的屏幕长时间显示不变的画面，这将会使屏幕发光器件疲劳变色、甚至烧毁，最终使屏幕某个区域偏色或变暗。

（3）在 Win 7 操作系统下设置屏幕保护程序的方法是：在桌面上单击鼠标右键，从弹出的菜单中选择“个性化”命令，打开“个性化设置”窗口，单击窗口底部的“屏幕保护程序”图标，打开“屏幕保护程序”对话框进行设置。

4. 解答：窗口由边框、标题栏、菜单栏、工具栏、状态栏、滚动条和工作区等组成。窗口的操作有移动、改变大小、多窗口排列、复制、活动窗口切换、关闭和打开等。

5. 解答：对话框是应用程序与用户的交互界面，用于完成选项设置、信息输入、系统设置和显示提示信息。对话框与窗口的主要区别是对话框不能改变大小且对话框中无菜单栏和工具栏。

6. 解答：其创建方法如下。

（1）单击“开始”→“控制面板”→“网络和共享中心”，单击下面的“设置新的网络或连接”。

（2）单击选择“连接到 Internet”。

（3）单击选择“宽带（PPPoE）（R）”。

（4）在“用户名”和“密码”中输入宽带帐号和密码，同时将“记住此密码”前的复选框打勾。

（5）回到开始设置时的“网络和共享中心”，单击左侧边的“更改适配器设置”。

（6）在已经创建好的“宽带连接”上右键单击，选择“创建快捷方式”，这时候会提示“无法在当前位置创建快捷方式，是否要把快捷方式放在桌面吗？”单击“是”。

（7）这时桌面就会创建一个宽带连接的快捷方式。

第5章

一、填空题

1. 存储空间　解压缩　　2. 升级　　3. 自解压压缩文件

4. WinRAR、WinZIP　　5. pdf　　6. txt

7. PrintScreen　　8. 视频　　9. zip　　10. exe

二、选择题（单选）

1. D　2. C　3. D　4. D　5. C　6. C　7. A　8. C　9. A　10. B

三、简答题

1. 答：

（1）通过计算机中的声卡，从麦克风中采集语音生成 WAV 文件，如多媒体作品中的解说词就可以采用这种方法。

（2）利用专门的软件抓取 CD 或 VCD 中的音乐，再利用声音编辑软件对其进行剪辑、合成等加工处理。常用的音频编辑软件有 Cool Edit、Sound Edit 等。

（3）从素材光盘提供的声音素材中选取。

2. 答：

（1）用软件可以创作出有个性和特色的图像作品，常用的图像编辑软件有 Photoshop，Illustrator，CoreDRAW 等。

（2）通过扫描仪扫描，可以将图片实物转换成数字化图像，还可以将书籍 OCR 识别转换为可以编辑的文字。

（3）数码相机拍摄，可以将自然景色转换为数字化图像。

3. 答：可以捕获 Windows 屏幕、DOS 屏幕，RM 电影、游戏画面，菜单、窗口、客户区窗口、最后一个激活的窗口或用鼠标定义的区域。

4. 答：WinRAR 具有压缩率大、自动分割大型文件、自动解压、能解压其他格式文件等优点。其主要功能是进行文档的压缩、解压管理。

5. 答：Adobe PDF 是一种通用文件格式，能够保存任何源文档的所有字体、格式、颜色和图形，而不管创建该文档所使用的应用程序和平台。Adobe PDF 文件为压缩文件，任何人都可以使用免费的 Adobe Acrobat Reader 共享、查看、浏览和打印文件。Adobe Acrobat Reader 是查看、阅读和打印 PDF 文件的最佳工具之一，而且是免费的。它支持众多的桌面以及移动设备平台，是浏览、交互与打印 Adobe PDF 的权威应用软件。

第 6 章

简答题

1. Office 2010 由哪些组件构成？各组件的作用是什么？

答：Office 2010 组件有 Word 2010、Excel 2010、PowerPoint 2010、Outlook 2010、Access 2010、OneNote 2010、Publisher 2010、InfoPath 2010、SharePoint Workspace 2010、Communicator。各组件的作用如下。

Word 2010 的主要功能是进行文字（或文档）的编辑、排版、打印等工作。Excel 2010 功能非常强大，可以进行各种数据的处理、统计分析和辅助决策操作，通常应用于管理、统计财经、金融等众多领域。PowerPoint 2010 是 Office 中的演示文稿程序，主要功能是进行幻灯片的制作和演示，可有效地帮助用户进行演讲、教学和产品演示等，更多地应用于企业和学校等教育机构。Outlook 2010 是 Office 套件中的一个桌面信息管理程序，比 Windows 系统自带的 Outlook Express 功能更加强大，可用来收发邮件、管理联系人、记日记、安排日程、分配任务等。Access 2010 是 Office 套件中基于 Windows 的小型桌面关系数据库管理系统，Access 2010 通过改进的用户界面和多种向导、生成器和模板把数据存储、数据查询、界面设计、报表生成等设计功能融合在一起，可帮助信息提供者轻松地创建数据库管理系统和程序，从而快速跟踪与管理信息。OneNote 2010 用来搜集、组织、查找和共享用户的笔记和信息。它提供了一个将笔记存储和共享在一个易于访问位置的最终场所，同时还提供了强大的搜索功能，让用户可以迅速找到所需内容。Publisher 2010 主要用于创建和发布各种出版物，并可将这些出版物用于桌面、商业打印、电子邮件分发或在 Web 中查看。InfoPath 2010 可细分为 InfoPath Designer & InfoPath Filler 这两个产品。其主要功能是搜集信息和制作、填写表单。SharePoint Workspace 2010 是 SharePoint 2010 的客户端程序，主要功能是用来离线同步基于微软 SharePoint 技术建立的网站中的文档和数据的。Communicator 集成了各种通信方式，是类似于 MSN 和 QQ 的一个局域网即时通信工具。

2. Office 2010 的风格定制包括哪些内容？

答：包括以下 3 个内容。

（1）自定义“常规”“显示”“校对”“保存”“版式”“语言”等外观界面的设置；

（2）自定义“功能区”设置；

（3）自定义“快速访问工具栏”设置。

3. 如何设置 Office 2010 窗口的配色方案？

答：设置配色方案的方法为：打开 Word2010 文档窗口，依次单击“文件”→“选项”按钮，打开“Word 选项”对话框，选择“常规”选项卡，在“用户界面选项”区域中单击“配色方案”下拉按钮，在配色方案列表中选择合适的颜色，并单击“确定”按钮即可。

4. 怎样设置“快速访问工具栏”的位置？

答：打开 Word2010 文档窗口，鼠标右键单击“快速访问工具栏”，然后选择“在功能区下方显示快速访问工具栏”即可。

5. 如何将 word 文档保存为 PDF 文件？

答：首先打开 Word2010 文档窗口，依次单击“文件”→“另存为”按钮，在打开的“另存为”对话框中，选择“保存类型”为“PDF（*.pdf）”，然后选择 PDF 文件的保存位置并输入 PDF 文件名称，最后单击“保存”按钮，即保存为 PDF 文件。

第7章

简答题

1. Word 2010的视图包括哪几种？其用途各是什么？

答：在Word2010中提供了多种视图模式供用户选择，这些视图模式包括“页面视图”、“阅读版式视图”、“Web版式视图”、“大纲视图”和“草稿视图”等5种视图模式。

“页面视图”可以显示Word2010文档的打印结果外观，主要包括页眉、页脚、图形对象、分栏设置、页面边距等元素，是最接近打印结果的页面视图；“阅读版式视图”以图书的分栏样式显示Word2010文档，“文件”按钮、功能区等窗口元素被隐藏起来。在阅读版式视图中，用户还可以单击“工具”按钮选择各种阅读工具；“Web版式视图”以网页的形式显示Word2010文档，Web版式视图适用于发送电子邮件和创建网页；“大纲视图”主要用于设置Word2010文档的设置和显示标题的层级结构，并可以方便地折叠和展开各种层级的文档。“大纲视图”广泛用于Word2010长文档的快速浏览和设置；“草稿视图”取消了页面边距、分栏、页眉、页脚和图片等元素，仅显示标题和正文，是最节省计算机系统硬件资源的视图方式。

2. 如何在Word文档中选取矩形区域？

答：打开Word文档后，先定位光标，然后按住Alt键，按下鼠标左键拖拽即可。

3. Word文档中的分隔符有哪些？各有什么功能？

答：分隔符包括分页符、分栏符、换行符以及分节符等。

分页符：当文本或图形等内容填满一页时，Word会插入一个自动分页符并开始新的一页。如果要在某个特定位置强制分页，可手动插入分页符，这样可以确保章节标题总在新的一页开始。

分栏符：分栏常用于报纸、期刊等文档中。在分栏排版时，将一篇文章分成几列纵栏来排放，其内容从一栏的顶部排列到底部，然后再延伸到下一栏的顶部。如果Word 2010文档设置了多个分栏，则文本内容会在完全使用当前栏的空间后转入下一栏显示。用户可以在任意文档位置（主要应用于多栏文档中）插入分栏符，使插入点以后的文本内容强制转入下一栏显示。

换行符：通常情况下，文本到达文档页面右边距时，Word将自动换行。如果文档段落中需要换行，则点击“分隔符”按钮，选择列表中的“自动换行符”选项，即可在插入点位置强制断行（换行符显示为灰色“↓”形）。

分节符：在建立新文档时，Word将整篇文档视为一节。为了便于对文档进行格式化，可以将文档分割成任意数量的节，然后就可以根据需要分别为每节设置不同的格式。

4. Word中如何将表格转换为文字？

答：在Word 2010文档中，用户可以将表格中指定单元格或整张表格转换为文本内容（前提是表格中含有文本内容），操作步骤如下。

（1）打开Word 2010文档窗口，选中需要转换为文本的单元格（如果需要将整张表格转换为文本，则只需单击表格任意单元格），切换到“表格工具/布局”功能区，然后单击“数据”操作组中的“转换为文本”按钮。

（2）在打开的“表格转换成文本”对话框中，选中“段落标记”“制表符”“逗号”或“其他字符”单选框（选择任何一种标记符号都可以转换成文本，只是转换生成的排版方式或添加的标记符号有所不同，最常用的是“段落标记”和“制表符”两个选项），选中“转换嵌套表格”可以将嵌套表格中的内容同时转换为文本，设置完毕单击“确定”按钮即可。

5. 插入表格后如何设定表格中文字的对齐方式？

答：将插入点置于表格中，单击鼠标右键在弹出的快捷菜单中选择“表格属性”命令，弹出“表格属性”对话框，单击“表格属性”对话框中的“单元格”选项卡，在弹出的对话框中，通过“垂直对齐方式”栏指定单元格中文字的对齐方式。

6. 文本框的作用是什么？

答：文本框可以看作是特殊的图形对象，主要用来处理文档中的特殊文本。利用文本框可以将文本、图形、表格等框起来整体移动，便于在页面中精确定位。

7. 在 Word 文档中如何实现“拆分窗口”？

答：切换到“视图”功能区，单击“窗口”操作组中的“拆分窗口”按钮，此时窗口中间出现一条横贯工作区的灰色粗线，直接移动鼠标（不要按键），可以移动其位置，将之拖动到合适位置，单击鼠标左键，原窗口即被拆分成了两个。

8. Word 文档里边怎样设置每页不同的页眉？

答：首先对文档分节，然后在每节设置不同的页眉。

第 8 章

一、思考题

1. 要选定不连续单元格（区域），选定第一个单元格（区域）后，按下【Ctrl】键不放，用鼠标选择其他单元格（区域），最后松开【Ctrl】键。

2. 双击单元格，将光标置于单元格中需要插入数据的位置，输入数据即可。

3. 选定要清除格式的单元格或区域，执行“开始”→“编辑”→“清除”→“清除格式”命令。

4. 该单元格中输入的内容为数值型数据时，如果该数据位数的长度超过单元格的宽度时会出现###号，可改变单元格宽度将其内容全部显示出来。

5. 选定这些列，拖动某两列间的列标线。

6. 所有运算符都要求在英文输入状态下输入。

7. 填充柄可以将选定单元格中的数据复制到其他单元格，或以某个序列的方式填充到其他单元格。

8. 进入“文件”→“选项”→“高级”，单击“编辑自定义列表”按钮（在该窗口下方位置），进入“自定义序列”对话框，将要自定义的序列内容输入到“输入序列”框中，注意每个内容占一行，单击“确定”按钮即可。

9. 相对引用是当公式移动或复制到其他的位置时，公式中引用的单元格地址也会做相应的改变。绝对引用是公式中引用的单元格地址不随公式所在单元格的位置而变化。单元格地址标号前加“$”的是绝对引用，不加“$”的是相对引用。将光标置于单元格名称前，按下键盘上的 F4 键，可在两者间进行切换。

10. 在“粘贴”时要用“选择性粘贴”中的“公式”或“格式”命令，而不是简单的粘贴操作。

11. 当利用“页面布局”→“页面设置”→“分隔符”插入“分页符”后，如果要调整分页符的位置，可单击“视图”→工作簿视图”→“分页预览”按钮，进入分页预览窗口，用鼠标拖动其中的兰色线条，可以改变分页符的位置。

12. 在单元格的对齐方式中单击“自动换行”按钮，即可将选定的单元格中内容自动换行输入。

二、操作题

提示：

“工龄”的计算公式：=today()-入职日期，然后将该列单元格数字格式修改为“常规”。

“扣除工资”的计算公式：=IF(请假天数<=2,0,(请假天数-2)*20)，注意将其中的请假天数换成表中单元格引用。

“实发薪金”的计算公式：=基本工资+奖金-扣除工资。

第 9 章

思考题

1. 可以在两张幻灯片中插入超级链接，利用超级链接实现跳转。

2. 选定幻灯片后，可在“设计”选项卡中选择“主题”中的某一主题直接应用，或改变某主题中各对象的颜色，还可以“新建主题颜色”；执行“背景样式”中的“设置背景格式”命令，可以对背景进行各种设置；选定幻灯片后执行“开始”选项卡中的“幻灯片”→“版式”，可为幻灯片重新选择一种版式。

3. 需要进入“幻灯片母版”中添加该对象。

4. 在“普通视图”中编辑幻灯片。

5. 进入“插入超级链接”对话框后单击“屏幕提示”按钮，向文本框中输入提示内容即可。

6. 直接单击“开始”选项卡中的“幻灯片”→“新建幻灯片”按钮。

7. 不会，备注内容只为演讲者显示。

8. 打包后的演示文稿可以在没有安装 PowerPoint 软件的计算机中放映。

9. PowerPoint 2010 有 4 种主要视图方式，即普通视图、幻灯片浏览视图、阅读视图和幻灯片放映视图。普通视图是幻灯片的默认视图方式，是主要的编辑视图，可用于撰写或设计演示文稿；幻灯片浏览视图以缩略图的方式显示演示文稿中的所有幻灯片；阅读视图用于设计者自我观看文稿效果的放映方式；幻灯片放映视图用于向受众放映文稿的演示效果，全屏显示幻灯片内容。

10. 演示文稿可以创建空白文档，也可根据模板或主题创建。空白文档可以自由设计内容和格式，但工作量相对较大。用系统提供的模板或主题创建，只需将其中的内容更换，或根据提示输入内容即可，当然也可修改其中对象的各种格式。

11. 可以设置自定义放映，或放映时从当前幻灯片开始放映。

12. 进入相应的母版中进行修改。

13. 从“幻灯片放映”选项卡→“设置”组→“录制幻灯片演示”按钮的下拉菜单中选择“从头开始录制”或“当前幻灯片开始录制”，选择要录制的内容后开始录制。录制完毕后若将声音和墨迹都保存下来，则在幻灯片下方会出现录制的时间及声音图标。

14. 可以为对象应用“动画方案”，也可进行“高级动画”设置。要为幻灯片中某对象添加进入幻灯片的动画效果，先选定一个对象，然后打开“动画”选项卡→“动画”组列表，选择“进入”组中的一种动画方案，还可进一步对动画方案设置效果选项，打开“动画”选项卡→“动画”组→“效果选项”，不同的动画方案有不同的设置内容。为幻灯片中的各对象预设动画后，可单击“高级动画”组中的“动画窗格”按钮，所有预设了动画的对象及效果列在其中，右击动画顺序列表中的某一动画，可从快捷菜单中选择设置动画的激发方式、效果选项及计时设置等。

15. 插入声音文件后，在对象的动画“效果选项”中设置开始播放和停止播放的位置。

16. 演示文稿中的幻灯片多时，可以使用“节”来组织幻灯片，可以使用“重命名节”跟踪幻灯片组，可以在幻灯片浏览视图中查看节，也可以在普通视图中查看节，如果希望按定义的逻辑类别对幻灯片进行组织和分类，则幻灯片浏览视图更有用。

17. 创建、管理并与他人协作处理演示文稿；使用视频、图片和动画丰富演示文稿；有效地提供和共享演示文稿。

18. 执行“文件”菜单下的“保存并发送”，从子菜单中选择“创建视频”，选择“使用录制的计时和旁白”，单击“录制视频”按钮后选择文件的保存位置及名称，开始制作，最后生成一个 WMV 的视频文件。

19. 利用“高级动画”组中的“动画刷”将某对象的动画效果复制到其他对象上。

20. 从“文件”菜单→“保存并发送”→“创建 PDF/XPS 文档”→“创建 PDF/XPS”按钮。或者从“文件”菜单中执行“另存为”命令，从对话框“保存类型”下拉列表框中选择“PDF”。

第 10 章

1. 数据库设计包括 6 个主要步骤。

（1）需求分析：了解用户的数据需求、处理需求、安全性及完整性要求。

（2）概念设计：通过数据抽象，设计系统概念模型，一般为 E-R 模型。

（3）逻辑结构设计：设计系统的模式和外模式，对于关系模型主要是基本表和视图。

（4）物理结构设计：设计数据的存储结构和存取方法，如索引的设计。

（5）系统实施：组织数据入库、编制应用程序、试运行。

（6）运行维护：系统投入运行并长期维护。

2. 作用如下。

（1）保证实体的完整性。

（2）加快数据库的操作速度。

（3）在表中添加新记录时，Access 会自动检查新记录的主键值，不允许该值与其他记录的主键值重复。

（4）Access 自动按主键值的顺序显示表中的记录。如果没有定义主键，则按输入记录的顺序显示表中的记录。

3. 选择查询、交叉表查询、生成表查询、更新查询、追加查询、删除查询、特定查询共 7 种。

4. 视图是一种虚拟的表，是为了简化复杂的查询语句，另外也在一定程度上提高了数据库的安全性。

查询是利用 SQL 语句按照自己的需求进行的检索过程，最终得到自己想要的结果。对数据库中的数据并不进行更新、修改。

SQL 语言是一种结构化的查询语言，利用 SQL 语言可以对数据库中数据进行各种查询、更新等操作。

5. 模式是数据库中全体数据的逻辑结构和特征的描述，在关系型数据库中，模式的具体表现是一系列表及表与表之间的联系。

基本表就是一个关系及属性的描述，如：学生（学号，姓名，性别，班级）。

视图是一种外模式，是建立在基础表之上的数据查询。

索引是数据库表中一列或多列的值进行排序的一种结构，使用“索引”可快速访问数据库表中的特定信息。

6. 模式的作用：模式既然是全体数据的逻辑结构和特征描述，它其实包含了所有表以及表与表之间的关系，是数据库整体逻辑结构的表现。

7. 窗体有以下作用。

（1）通过窗体可以显示和编辑数据库中的数据。

（2）通过窗体可以更方便、更友好地显示和编辑数据库中的数据。

（3）通过窗体可以显示提示信息。

（4）通过窗体可以显示一些解释或警告信息，以便及时告诉用户即将发生的事情，例如用户要删除一条记录，可显示一个提示对话框窗口要求用户进行确认。

（5）通过窗体可以控制程序运行。

（6）通过窗体可以将数据库的其他对象联结起来，并控制这些对象进行工作。例如可以在窗体上创建一个命令按钮，通过单击命令打开一个查询、报表或表对象等。

（7）打印数据，在 Access 中，可将窗体中的信息打印出来，供用户使用。

8. 窗体有三种视图：设计视图、窗体视图与数据表视图。

设计视图的特点是可以自己添加控件、定义窗体的功能，按用户的的要求创建功能强大的窗体，还可以在设计视图下修改已经存在的窗体。

窗体视图的特点是展示和运行窗体。

数据表视图的特点是用数据表的形式显示窗体的数据字段及数据值。

9. 控件是窗体、报表或数据访问页用于显示数据、执行操作或作为装饰的对象。

在 Access 中提供以下控件。

文本框、标签、选项组、选项按钮、复选框、列表框、命令按钮、选项卡控件、图象控件、线条、矩形、ActiveX 自定义、数据透视表列表、电子表格、图表、切换按钮、组合框、绑定对象框、未绑定对象框、分页符、子窗体或子报表、超链接、滚动文字等。

10. 控件可以用来在窗体、报表或数据访问页上显示数据、执行操作或作为装饰。例如在窗体、报表或数据访问页上可以使用绑定文本框来显示记录源的数据，可以使用未绑定文本框来显示计算的结果或接受用户所输入的数据。在窗体、报表或数据访问页上可以使用标签显示说明性文本。在窗体、报表或数据访问页上可以使用列表框，可以帮助用户更快、更容易、更准确地输入值。在窗体或数据访问页上可以使用命令按钮来启动一项操作或一组操作，命令按钮不仅会执行适当的操作，其外观也会有先按入、后释放的视觉效果。

11. 在开发的过程中，窗体和报表的使用是最频繁的，在窗体和报表里创建控件和修改控件的属性是经常性的操作，而同类型的控件的属性一般都是大同小异，所以，我们有必要设置控件的默认属性，以减轻设计时的工作量。方法如下。

（1）单击“工具箱”按钮，弹出“工具箱”对话框，在对话框里选择需要设置默认属性的控件，如“文本框”。

（2）单击“属性”按钮，在弹出的“属性”设置窗口中设置需要成为默认的属性。

12. 窗体一般由 5 部分组成，分别是窗体页眉、页面页眉、主体、页面页脚、窗体页脚。

窗体页眉：用于显示窗体标题、窗体使用说明、打开相关窗体或运行其他任务的命令按钮等。

页面页眉：在每一页的顶部显示标题、字段标题或者所需要的其他信息。页面页眉只出现在打印的窗体上。

主体：用于显示窗体记录源的记录。主体节通常包含与记录源中的字段绑定的控件，也可以包含没有绑定的控件。

页面页脚：在每一页的底部显示日期、页码或所需要的其他信息。页面页脚只出现在打印的窗体之上。

窗体页脚：用于显示窗体、命令按钮或接受输入的未绑定控件等对象的使用说明。

附录 E　自测题及参考答案

自 测 题 一

一、填空题

1. ________年，世界上第一台数字电子计算机________在________诞生。

2. 计算机软件分为________和________两大类。

3. 微型计算机也称为________，英文简称________。

4. 一个完整的计算机系统应包括________和________两个部分。
5. 只有1和0的数字系统称为________数字系统。
6. 8位二进制位称为一个________。
7. 1.4MB=________KB，0.02GB=________KB。
8. ASCII是一种________位进制编码。
9. 微型计算机的硬件系统通由________、________、________、________、________和________6部分组成。
10. 存储器一般分为________和________两种类型。
11. 通常所说微机的内存容量是指________的容量。
12. 磁盘存储器主要有________和________两种。
13. 扫描仪是一种________设备，打印机是一种________设备。
14. Word启动时将会打开一个名为________新文档。
15. 打开Excel窗口后，中间网格部分为________。
16. Word窗口中的标尺上有4个符号，分别是________、________、________、________。
17. 当Word启动后，新建的文档编辑区是空的，区中有一个闪烁的垂直条称为________点。
18. 正在编辑的文字内容都暂时存放在计算机内存中，要永久存入磁盘，应做________操作。
19. 每个工作簿由多张________组成。
20. 编辑文档时，使I型光标落入某处的操作称为________。
21. 当光标在一个自然段某处时，按一下________键，可以将其分成两个自然段。
22. 把光标移至文档某一行最左边，________击鼠标左键，可以选定一行。
23. 要实现文字的移动操作，可以使用工具栏上的________、________按钮。
24. 在Word 2010中，编辑文档缺省的汉字字体为________，字号为________。
25. 按键盘上的【BackSpace】键，可以删除光标________边的字符，按键盘上的【Delete】键，可以删除光标________边的字符。
26. 将选定单元格的内容复制到剪贴板上称为________。
27. 在Excel中，如果在单元格中需要填入序列数据，可以使用Excel的________功能。
28. Excel提供了________功能，完成多个单元数据的合计运算。
29. Excel提供排序的功能，方法有________和________两种。
30. 每个单元格右下角的小圆点称为________。
31. 计算机病毒实际上是一种人为的特殊计算机________。
32. 计算机病毒都有两种状态：________状态和________状态。
33. 覆盖全世界的最大的计算机网络系统，称为________，英文名称为________。
34. 电子邮件的英文简写是________。
35. Internet上的每台主机都有一个唯一的地址，称为________地址。
36. 域名是Internet中联网的计算机的________。
37. 用PowerPoint创建的用于演示的文件称为________。
38. 包含预定义的格式和配色方案，可以应用到任何演示文稿中创建独特的外观的模板是________。
39. 在________视图中，可以方便地利用工具栏给幻灯片加切换效果。
40. 将文本添加到幻灯片最简易的方式是直接将文本键入幻灯片的任何占位符中。要在占位符外的其他位置添加文字，可以在幻灯片中输入________。

二、判断题（正确时打√，否则打×）

1. 以晶体管为主要器件的计算机属于第四代计算机。(　　)
2. 计算机内部采用十进制的处理方式。(　　)

3. 二进制的 101101 大于十进制数 32。（　　）
4. 存储器是用于保存程序、数据、运算结果的。（　　）
5. 硬盘装在主机箱内，所以是内存储器。（　　）
6. 鼠标是计算机的输入设备。（　　）
7. ROM 中的内容可以随时更换。（　　）
8. 财务管理软件是一种系统软件。（　　）
9. Word 2010 是一个应用软件。（　　）
10. 在 Word 窗口的垂直标尺上有左缩进、右缩进和首行缩进符。（　　）
11. 如果编辑一个新文件并首次保存，会出现一个“另存为”对话框。（　　）
12. 单击工具栏上的打开按钮，会出现一个“打开对话框”。（　　）
13. 使用工具栏中的“剪切”按钮不能删除选定的文字。（　　）
14. 进行文字移动操作时，首先要选定文本。（　　）
15. 利用拆分命令可以将表格一单元拆成几个单元。（　　）
16. Word 2010 不能进行表格编辑。（　　）
17. 在标尺上不能调整左、右边界，必须在“文件”菜单下的“页面设置”命令中进行设置。（　　）
18. 要设置字间距，可以使用“格式”菜单下的“段落”命令。（　　）
19. 进入 Excel 后，编辑区已经画好的线是能够打印出来的。（　　）
20. 启动 Excel 后，当前工作簿默认有 3 张工作表。（　　）
21. 如果在单元格中表示 1/2 时，则单元格的格式应为“分数”。（　　）
22. 在 Excel 中不能合并单元格。（　　）
23. Excel 有强大的计算功能，可以实现公式运算。（　　）
24. 运算公式不能用填充柄填充到其他单元格。（　　）
25. 工作簿内工作表的顺序是不能改变的。（　　）
26. 表格排序时，只能按关键字的升序进行。（　　）
27. 对 C5 到 C8 单元格内的数据求和，公式“=SUM（C5+C8）”是正确的。（　　）
28. 工作表打印之前不能进行预览。（　　）

三、选择题（单选）

1. 采用中小规模集成电路的计算机属于第______代。
   A. 第一代　B. 第二代　C. 第三代　D. 第四代
2. 属于输入设备的是______。
   A. 显示器　B. 话筒　C. 激光打印机　D. 音箱
3. 下列 4 个数中，最大的数是______。
   A. 56　B. $(1101111)_2$　C. $(56)_8$　D. $(1F)_{16}$
4. Word 文档存入磁盘后，文件的扩展名为______。
   A. .txt　B. .doc　C. elx　D. .dbf
5. 当需要移动显示编辑区中的文档内容时，可以使用______。
   A. 工具栏　B. 格式栏　C. 滚动条　D. 标尺
6. 要使整个段落左缩进，应拖动______。
   A. 首行缩进　B. 页左边界　C. 左缩进　D. 悬挂缩进
7. 单击______按钮，都可以将选定的文字复制到剪贴板上。
   A. 剪切或粘贴　B. 复制或粘贴　C. 剪切或复制　D. 剪切或撤销
8. 要实现文字的替换操作，应使用______菜单项中的“替换”命令。
   A. 文件　B. 编辑　C. 视图　D. 格式

9. 在 Excel 环境下建立的工作簿文件的扩展名为______。

A. .doc　　B. .xls　　C. .txt　　D. .dbf

10. 在 Excel 窗口中，由行、列相交组成的小方格称为______。

A. 编辑区　　B. 单元格　　C. 记录　　D. 字段

11. 选定一片范围后，按住______键，还可以选另一片范围。

A.【Ctrl】　　B.【Alt】　　C.【Shift】　　D.【Del】

12. 要为一个区域的数据建立一个图表，可以使用工具栏上的______铵钮。

A. 函数向导　　B. 求和　　C. 图表向导　　D. 复制

13. 移动鼠标到选定区域的______，拖动鼠标可以实现选定区域的移动。

A. 内部　　B. 外部　　C. 边缘　　D. 内部左上角单元

14. 在 PowerPoint 软件中，可以为文本、图形等对象设置动画效果，以突出重点或增加演示文稿的趣味性。设置动画效果可采用______菜单的"预设动画"命令。

A. 格式　　B. 幻灯片放映　　C. 工具　　D. 视图

15. 在幻灯片放映时，用户可以利用"绘图笔"在幻灯片上写字或画画，这些内容______。

A. 自动保存在演示文稿中　　B. 可以保存在演示文稿中

C. 在本次演示中不可擦除　　D. 在本次演示中可以擦除

16. 在编辑演示文稿时，要在幻灯片中插入表格、剪贴画或照片等图形，应在______中进行。

A. 备注页视图　　B. 幻灯片浏览视图

C. 幻灯片窗格　　D. 大纲窗格

17. 在 PowerPoint 中，为了在切换幻灯片时添加声音，可以使用______菜单的"幻灯片切换"命令。

A. 幻灯片放映　　B. 工具　　C. 插入　　D. 编辑

18. 在 PowerPoint 2010 中，如果有额外的一、两行不适合文本占位符的文本，则 PowerPoint 会______。

A. 不调整文本的大小，也不显示超出部分

B. 自动调整文本的大小使其适合占位符

C. 不调整文本的大小，超出部分自动移至下一幻灯片

D. 不调整文本的大小，但可以在幻灯片放映时用滚动条显示文本

自 测 题 二

一、填空题

1. 从硬件来看，计算机先后经历了________、________、________以及大和超大规模集成电路 4 个发展阶段。

2. ________的出现，被称为第 4 次产业革命。

3. 计算机的应用领域有________、________、________、________、________5 个方面。

4. 对计算机来说，所谓________只是一堆 0 和 1 的组合。

5. 二进制数据的长度单位有________、________、________、________、________。

6. 二进制数 1011011 等于十进制数________，十进制数 78 等于二进制数________。

7. 我国标准的汉字字符集的编码采用________编码。

8. 中央处理器简称为________，由两部分组成：________和________是整个计算机系统的指挥中心。

9. 内存储器接其功能可以分为________和________两种。

10. 磁盘存储器是一种________部存储器。

11. CD-ROM 的中文名称为________。

12. 没有软件的计算机称为________。
13. 操作系统属于________软件，Windows XP 属于________软件。
14. Word 2010 的特点是易学易用、________、功能集中。
15. Word 窗口中对编辑区的文本进行定位的尺子称为________。
16. Word 窗口中供用户使用的最大一部分区域称为________。
17. 单击工具栏上的________按钮，可以创建一个新文档。
18. 如果要把正在编辑的旧文档存入新的位置，应选用“文件”菜单中的________命令。
19. 编辑文档时，在________状态下，可以在光标处插入字符。
20. 把一段文字做上反白的标志，称为________文本。
21. 将光标移到某自然段内，连续________击三次鼠标左键，可以选定一个自然段。
22. 要恢复误删除的一段文字，可以单击工具栏上的________按钮。
23. 用拖动的方式实现文字的复制操作时，应使用键盘的________键来配合。
24. 进行段落排版时，常用的对齐方式为________、________、________、________。
25. 要使每一段的第一行缩进两个汉字，应使用标尺上的________符。
26. 要显示文档的编辑效果，可以使用工具栏上的________按钮。
27. 进入 Excel 后，自动建立一个新文件，名为________。
28. Excel 文档实际上就是一个________。
29. 每个工作表由多个________组成。
30. 单元格选定的方法有：单击________可选定一整列，单击________可选定一整行。
31. 将选定的几个单元格合并为一个单元格称为________。
32. 将选定单元格的内容剪切出来，存入剪贴板称为________。
33. 如果按住________键，拖动鼠标可以实现选定单元格的复制操作。
34. 利用 Excel 中的________和________运算，可以完成较为复杂的运算。
35. 可以为 Excel 表格建立图表，使数据变成直观的________。
36. 要进行自动求和计算，必须________需要求和的数值范围。
37. ________功能是可以让用户快速选出符合条件的记录，分为________和高级筛选两种方式。
38. 计算机病毒按寄生方式和入侵部位来看，分为________和________两大类。
39. 如果网络是由分布在同一区域的计算机组成的，称为________；如果网络是分布在一个非常大的范围内的计算机组成，称为________。
40. 最基本的网络协议是________协议，它的根本任务是保证________正确地从一个位置到达另一个位置。

二、判断题（正确时打√，否则打×）

1. 一个完整的计算机系统包括了系统软件和应用软件。（　　）
2. 一个西文字符用一个字节的 0 和 1 来表示。（　　）
3. CPU 是由控制器、运算器、内存储器、总线构成的。（　　）
4. 一旦关机或复位，随机存储器的信息就会立即消失。（　　）
5. CD-ROM 是可以进行存、取操作的存储器。（　　）
6. 计算机的操作系统是一种不可缺少的硬件设备。（　　）
7. 程序由一系列指令或语句组成。（　　）
8. 硬盘可以长期保存程序和数据。（　　）
9. Word 2010 可以实现图、表、文混合排版。（　　）
10. 选择不同的字号可以改变笔画的粗细和倾斜。（　　）
11. Word 是一种所见即所得的文字处理软件。（　　）
12. 在“改写”状态下，也可以插入文字符号。（　　）

13. Word 中的撤销功能在编辑中只能使用一次。(　　)
14. 单击“粘贴”按钮，则剪贴板上的内容被复制到文本的光标位置。(　　)
15. 使用 Word 编辑文档时，还可以调整文字的颜色。(　　)
16. 使用“格式”菜单下的“段落”命令，可以设置设文字的行间距。(　　)
17. 编辑 Word 文档时，只有打印出来后才看到排版效果。(　　)
18. Word 2010 无法改变插入图片的大小。(　　)
19. Excel2010 是基于 Windows 平台的一种电子表格处理软件。(　　)
20. 编辑栏只能用于计算公式的输入。(　　)
21. 如果选择的区域左上角单元格为 B4，右下角为 E8，则区域可用“B4:E8”表示。(　　)
22. 用鼠标拖动的方式不能改变列宽。(　　)
23. 通过执行“清除”命令，可以删除单元格。(　　)
24. Excel 中的公式是一种以“=”开头的等式。(　　)
25. 工作表不能重新命名。(　　)
26. 一个新工作簿的工作表开始只能是 3 个，不能更改。(　　)
27. 在 Excel 中的 1 个表格就是 1 个数据库。(　　)
28. 工作表默认单元格中数字的对齐方式为“左对齐”。(　　)

三、选择题（单选）

1. 3072KB 等于______MB。
   A. 30　B. 3.072　C. 3　D. 30.72
2. 内存储器的特点是______。
   A. 容量大，速度快　B. 容量大，速度慢
   C. 容量小，速度慢　D. 容量小，速度快
3. 属于计算机软件的是______。
   A. 光电输入机　B. 软盘　C. 硬盘　D. 操作系统
4. 打开 Word 窗口后，窗口中间用户使用的区域称为______。
   A. 工具栏　B. 状态栏　C. 标题栏　D. 编辑区
5. 按住______键，再按某菜单项对应的字母键，可以打开此菜单项。
   A.【Alt】　B.【Ctrl】　C.【Shift】　D.【Del】
6. 要使选定的文字靠左对齐，应单击______按钮。
   A. 两端对齐　B. 居中　C. 右对齐　D. 分散对齐
7. Word 是一个______的文字处理软件。
   A. 中文　B. 英文　C. 所见即所得　D. 表格
8. 在 Excel 窗中口，工具栏下有一个可以输入单元格内容的特殊位置，称为______。
   A. 行标记　B. 列标记　C. 状态栏　D. 编辑栏
9. 下列______单元格地址是正确的。
   A. B4　B. B:4　C. 4B　D. 4:B
10. 要清除单元格中的内容，应使用______菜单项中的“清除”命令。
    A. 文件　B. 编辑　C. 视图　D. 插入
11. 要将一个单元格删除掉，应选用______命令。
    A. 剪切　B. 删除　C. 清除　D. 复制
12. 序列填充应使用______才能实现。
    A. 剪切　B. 复制　C. 粘贴　D. 填充柄
13. PowerPoint 2010 的大纲视图中，不可以______。
    A. 插入幻灯片　B. 删除幻灯片　C. 移动幻灯片　D. 添加文本框

14. PowerPoint 中可以对幻灯片进行移动、删除、添加、复制、设置动画效果，但不能编辑幻灯片中具体内容的视图是________。

A. 普通视图　　　　　　　　　　B. 幻灯片浏览视图

C. 幻灯片放映视图　　　　　　　D. 大纲视图

15. 放映幻灯片有多种方法，在缺省状态下，以下______可以不从第一张幻灯片开始放映。

A. “幻灯片放映”菜单下“观看放映”命令项

B. 视图按钮栏上的“幻灯片放映”按钮

C. “视图”菜单下的“幻灯片放映”命令项

D. 在“资源管理器”中，鼠标右击演示文稿文件，在快捷菜单中选择“显示”命令

自 测 题 三

一、填空题

1. 统一设置幻灯片上文字的颜色，应使用________方案。

2. 在 PowerPoint2010 的________视图中只能看到文字信息。

3. 在幻灯片的版面上有一些带有文字提示的虚框，这些虚框称为________。

4. 在 Word 2010 中，若要把原有的 Word 2010 文档文件“a.doc”以文本文件的格式存盘，应使用“文件”菜单下的________命令。

5. 要观看所有幻灯片，应选择______工作视图。

6. 为所有幻灯片设置统一的、特有的外观风格，应运用________。

7. Excel 2010 中最基础的逻辑运算有________、________和________。

8. Word 2010 文档中的段落标记是在输入________键之后产生的。

9. 在 Word 2010 中，插入页眉/页脚在________菜单下进行，给文档加行号在________菜单下的进行。

10. Excel 2010 中，对数据列表进行分类汇总以前，必须先对作为分类依据的字段进行________操作。

11. 保存 PowerPoint2010 演示文稿的磁盘文件扩展名一般是________。

12. 如果要从第 3 张幻灯片跳转到第 8 张幻灯片，需要在第 3 张幻灯片上进行________设置。

13. 在 PowerPoint2010 的组织结构图窗口中，如果要为某个部件添加若干下级分支，则应选择________按钮。

14. 如果要输入大量文字，使用 PowerPoint2010 的________视图是最方便的。

15. 在 Excel 2010 中输入数据时，如果输入数据具有某种规律，则可以利用________功能来输入。

16. Word 2010 中的注释分为两种，________出现在文档中每一页底部，________一般位于整个文档结尾。

17. Office 应用程序窗口上的常用“工具栏”不见了，应使用________菜单中的________菜单项将其显示。

18. 在 Word 2010 中，插入页眉/页脚在________菜单下进行，给全文加行号在________菜单下进行。

19. 在 Word 2010 中，若将鼠标定位在任意位置按【Ctrl+A】组合键，则表示选定________。

20. 在 Word 2010 中可以不使用菜单而直接使用________调整文挡左右边距。

二、判断题（正确时打√，否则打×）

1. 在用 Word 2010 编辑文本时，若要删除文本区中某段文本的内容，可先选取该段文本，再按【Delete】键。(　　)

2. 在 Word 2010 中，建立交叉引用的项目必须在同一个主控文档中。(　　)

3. 用 Word 2010 制作的表格大小有限制，一般表格的大小不能超过一页。(　　)

4. 在 Word 2010 中编辑文稿，要产生文绕图的效果，只能在图文框中进行。(　　)

5. 在 Word 2010 中，使用“查找”命令查找的内容，可以是文本和格式，也可以是它们的任意组合。(　　)

6. 删除选定的文本内容时，【Delete】键和退格键的功能相同。(　　)

7. Word 2010 中的“样式”，实际上是一系列预置的排版命令，使用样式的目的是为了确保所编辑的文稿格式编排具有一致性。(　　)

8. Word 2010 中的“宏”是一系列 Word 命令的集合，可利用宏录制器创建宏，宏录制器不能录制文档正文中的鼠标操作，只能录制键盘操作，但可用鼠标操作来选择命令和选择选项。(　　)

9. 打开一个 Excel 文件就是打开一张工作表。(　　)

10. 在 Excel 中，去掉某单元格的批注，可以使用“编辑”菜单的“删除”命令。(　　)

11. 在 Excel 中，对单元格内数据进行格式设置，必须要选定该单元格。(　　)

12. 在 Excel 中，分割成两个窗口就是把文本分成两块后分别在两个窗口中显示。(　　)

13. 在 Excel 中数据清单中的记录进行排序操作时，只能进行升序操作。(　　)

14. 在 Excel 中提供了对数据清单中的记录“筛选”的功能，所谓“筛选”是指经筛选后的数据清单仅包含满足条件的记录，其他的记录都被删除掉了。(　　)

15. Excel 中分类汇总后的数据清单不能再恢复原工作表的记录。(　　)

16. Excel 的工具栏包括标准工具栏和格式工具栏，其中标准工具栏在屏幕上是显示的，但不可隐藏；而格式工具栏可以显示也可以隐藏。(　　)

17. 利用 Excel 工作表的数据建立图表，不论是内嵌式图表还是独立式图表，都被单独保存在另一张工作表中。(　　)

18. Excel 的工作簿是工作表的集合，一个工作簿文件的工作表的数量是没有限制的。(　　)

19. 在 PowerPoint2010 中演示文稿是以“.pps”为文件扩展名进行保存的。(　　)

20. 没有安装 PowerPoint2010 应用程序的计算机也可以放映演示文稿。(　　)

21. 对设置了排练时间的幻灯片，也可以手动控制其放映。(　　)

22. 在 PowerPoint2010 中，用户修改了配色方案以后，可以添加为“标准”配色方案，供以后使用。(　　)

23. 在 PowerPoint2010 中，更改背景和配色方案时，单击“全部应用”按钮，对所有幻灯片进行更改。(　　)

24. 使用某种模板后，演示文稿的所有幻灯片将被应用新模板的母版样式和配色方案。(　　)

25. 在 PowerPoint2010 中，如果需要在占位符以外的其他位置增加标识或文字，可以使用文本框来实现。(　　)

26. 如果用户对已定义的版式不满意，只能重新创建新演示文稿，无法重新选择自动版式。(　　)

27. 整份演示文稿的格式要在幻灯片版式中定义。(　　)

28. 应用配色方案时只能应用于全部幻灯片，不能只应用于某一张幻灯片。(　　)

三、选择题（单选）

1. Word 2010 允许用户选择不同的文档显示方式，如“普通”、“页面”、“大纲”、“联机版式”等视图，处理图形对象应在______视图中进行。

A. “普通”　　B. “页面”　　C. “大纲”　　D. “联机版式”

2. 在 Word 2010 中，如果要把整个文档选定，先将光标移动到文档左侧的选定栏，然后______。

A. 双击鼠标左键　　B. 连续击 3 下鼠标左键

C. 单击鼠标左键　　D. 双击鼠标右键

3. 在Word 2010文档中，要把多处同样的错误一次更正，正确的方法是______。

A. 用插入光标逐字查找，先删除错误文字，再输入正确文字

B. 使用“编辑”菜单中的“替换”命令

C. 使用“撤销”与“恢复”命令

D. 使用“定位”命令

4. 输入“ATC”3个英文字母来代替“微软授权培训中心”8个汉字的输入，可采用______。

A. 用智能输入法就能实现　　B. 用“工具”菜单的“拼写与语法”功能

C. 用“工具”菜单的“自动更正”功能　　D. 用VB编程

5. 有关“样式”命令，以下说法中正确的是______。

A. “样式”只适用于文字，不适用于段落　　B. “样式”命令在“工具”菜单中

C. “样式”命令在“格式”菜单中　　D. “样式”命令只适用于纯英文文档

6. 在Excel中，可以同时复制选定的数张工作表，方法是选定一份工作表，按【Ctrl】键，沿标签拖动到新位置，松开鼠标左键，如果选定的工作表并不相邻，那么复制的工作表______。

A. 仍会一起被插入到新位置

B. 不能一起被插入到新位置

C. 只有一张工作表被插入到新位置

D. 出现错误信息

7. 在Excel中要复制选定的工作表，方法是在工作表名称上单击鼠标右键后弹出快捷菜单，选择“移动或复制工作表”命令，在弹出的“移动或复制工作表”对话框中选插入或移动工作表的位置。如果没有选定“建立副本”复选框，则表示文件的______。

A. 复制　　B. 移动　　C. 删除　　D. 操作无效

8. 当输入到Excel单元格中的公式中输入了未定义的名字，则会在单元格中显示的出错信息是______。

A. #N/A　　B. #NAME?　　C. #NUM!　　D. #REF!

9. Excel的单元格引用是基于工作表的列标和行号，有绝对引用和相对引用两种，在进行绝对引用时，需在列标和行号前各加______符号。

A. ?　　B. %　　C. #　　D. $

10. 在Excel表格中，若在单元格B1中存储一公式A$7，将其复制到F1单元格后，公式变为______。

A. A$7　　B. E$7　　C. D$1　　D. C$7

11. 在Excel表格中，单元格的数据填充______。

A. 与单元格的数据复制是一样的

B. 与单元格的数据移动是一样的

C. 必须在相邻单元格中进行

D. 不一定在相邻单元格中进行

12. 在Excel表格中，在对数据清单分类汇总前，必须做的操作是______。

A. 排序　　B. 筛选　　C. 合并计算　　D. 指定单元格

13. 在Excel表格的单元格中出现一连串的“#######”符号，则表示______。

A. 需重新输入数据　　B. 需调整单元格的宽度

C. 需删去该单元格　　D. 需删去这些符号

14. PowerPoint 2010具有______视图。

A. 普通，大纲，幻灯片浏览

B. 普通，大纲，幻灯片浏览，幻灯片放映

C. 普通，幻灯片浏览，幻灯片放映

D. 普通，大纲，幻灯片放映

15. 编辑制作幻灯片时，应该在______视图中进行。

A. 大纲　B. 幻灯片浏览　C. 普通　D. 幻灯片反映

16. 当希望幻灯片之间进行切换时，形成一种水平百叶窗的动态切换效果，可是实际演示时发现只是幻灯片中插入的图片显示百叶窗的效果，问题原因是______。

A. 动作设置不对　B. 应该在自定义动化任务窗格中设置

C. 应该在幻灯片切换任务窗格中设置　D. 应该在幻灯片任务窗格中设置

17. 当你制作的幻灯片上的文字为“华文新魏”时，但是在别人机器上却显示为宋体，原因是______。

A. 机器安装的 Windows 操作系统的版本不一样

B. 机器没安装相应字库

C. 机器安装了另一个操作系统

D. 机器上 PowerPoint 的版本不一样

18. PowerPoint 处理的主要对象是______。

A. 文字　B. 数据　C. 网页　D. 幻灯片

19. 在 Word 2010 的窗口中，能同时显示水平标尺和垂直标尺的视图是______。

A. 大纲　B. 页面　C. 主控文档　D. 普通

20. 在 Word 2010 中菜单项“打开”的作用是______。

A. 将文档从内存中读入，并显示　B. 将文档从外存中读入内存，并显示

C. 为文档打开一个空白的窗口　D. 将文档从硬盘中读入内存，并显示

21. 在 Word 2010 窗口上部的标尺可以直接设置的格式是______。

A. 字体　B. 分栏　C. 段落缩进　D. 字符间距

22. 在 Word 2010 中，为把不相邻的两段文字互换位置，可作的操作是______。

A. 剪贴+复制　B. 剪贴+粘贴　C. 剪贴　D. 剪贴+复制

23. 在 Word 2010 中，设置段落缩进后，文本相对于纸的边界的距离等于______。

A. 页边距+缩进量　B. 间距

C. 页边距　D. 以上都不是

24. 在 Word 2010 中，假设光标在第一段末行第三个字前，按【Home】,【Delete】两键后，结果会是______。

A. 把一、二两段合成一段

B. 仅把第一段末行的第一个字删除

C. 仅把第二段首的空格删除

D. 删除第二段首空格，和第一段合成一段

25. Word 2010 中，如果用户选中了大段文字，不小心按了空格键,则大段文字将被一个空格所代替，此时可用______操作还原到原先的状态。

A. 替换　B. 粘贴　C. 撤销　D. 恢复

26. PowerPoint 2010 演示文稿文件的护展名是。

A. DOC　B. PPT　C. BMP　D. XLS

27. 当保存一篇演示文稿并关闭 PowerPoint 应用程序后，不用程序，不能再次打开此演示文稿的方法是______。

A. 通过“开始”菜单中的“文档”子菜单

B. 通过“开始”菜单中的“查找”子菜单

C. 通过“开始”菜单中的“Office 文档”子菜单

D. 通过“开始”菜单中的“新建 Office”子菜单

28. Windows 7 中启动 PowerPoint 2010 的方法______。
A. 只有一种　B. 只有两种　C. 有两种以上　D. 有无数种
29. 在幻灯片放映时，如果使用画笔，则错误的说法是______。
A. 可以在画面上随意图画
B. 要以随时更换绘笔的颜色
C. 在幻灯片上做的记号将在退出幻灯片时不予以保留
D. 在当前幻灯片上所做的记号，当再次返回该页时仍然存在
30. 关于幻灯片的编号，以下叙述中______项是正确的。
A. 可以为指定的幻灯片编号
B. 可以在幻灯片的任何位置添加
C. 可以在视图菜单下的“页眉和页脚”命令中设置
D. 可以在母版中设置

自测题参考答案

自测题一答案

一、填空题

1. 1946　ENIAC　美国
2. 系统软件　应用软件
3. 个人计算机　PC
4. 硬件系统　软件系统
5. 标准
6. 位
7. 1.4×1024　$0.02 \times 1024 \times 1024$
8. 7
9. 运算器　控制器　内存储器　外存储器　输入设备　输出设备
10. 内存储器　外存储器
11. RAM
12. 软盘　硬盘
13. 输入　输出
14. 文档 1
15. 单元格
16. 首行缩进、悬挂缩进、左缩进、右缩进
17. 插入
18. 存盘
19. 工作表
20. 定位
21. 回车
22. 单
23. 剪切　粘贴
24. 宋体　五号
25. 左　右
26. 复制
27. 自动填充
28. 求和
29. 升序　降序
30. 填充柄
31. 程序
32. 激活　潜伏
33. 国际互联网 Internet
34. E-Mail
35. IP
36. 网络名字
37. 演示文稿
38. 设计模板
39. 幻灯片浏览
40. 文本框

二、判断题（正确时打√，否则打×）

1. ×　2. ×　3. √　4. √　5. ×　6. √　7. ×　8. ×　9. √　10. √
11. √　12. √　13. ×　14. √　15. ×　16. ×　17. ×　18. ×　19. ×
20. √　21. √　22. ×　23. √　24. ×　25. ×　26. ×　27. ×　28. ×

三、选择题（单选）

1. C　2. B　3. B　4. B　5. C　6. C　7. C　8. B　9. B　10. B　11. A
12. C　13. C　14. B　15. D　16. C　17. A　18. B

自测题二答案

一、填空题

1. 电子管　晶体管　中小规模集成电路
2. 4
3. 科学计算、过程检测与控制、信息管理、计算机辅助系统、人工智能
4. 指令
5. B、KB、MB、GB、TB
6. 91　1001110
7. GB2312-80
8. CPU　运算器　控制器
9. ROM　RAM
10. 外
11. 只读紧凑式光盘
12. 裸机
13. 系统　系统
14. 所见即所得
15. 标尺
16. 编辑区
17. 新建
18. 另存为
19. 插入
20. 拖黑
21. 单
22. 撤销键入
23. Ctrl
24. 两端对齐　居中　右对齐　分散对齐
25. 首行缩进
26. 打印预览
27. Book1.xls
28. 工作表
29. 单元格
30. 列号　行号
31. 合并及居中
32. 剪切
33. Ctrl
34. 公式　函数
35. 图表
36. 选定
37. 筛选　自动筛选
38. 引导型　文件型
39. 局域网　广域网
40. TCP/IP　信息

二、判断题（正确时打√，否则打×）

1. ×　2. √　3. ×　4. √　5. ×　6. ×　7. ×　8. √　9. √　10. ×
11. √　12. √　13. ×　14. √　15. √　16. √　17. ×　18. ×　19. √
20. ×　21. √　22. ×　23. ×　24. √　25. ×　26. ×　27. √　28. ×

三、选择题（单选）

1. C　2. D　3. D　4. D　5. A　6. A　7. C　8. D　9. A　10. B　11. B
12. D　13. D　14. B　15. B

自测题三答案

一、填空题

1. 配色
2. 大纲
3. 占位符
4. 另存为
5. 幻灯片浏览
6. 母板
7. AND　OR　NOT
8. 回车
9. 视图　文件
10. 排序
11. ppt
12. 动作设置
13. 下属
14. 大纲
15. 填充
16. 尾注
17. 工具栏
18. 文件
19. 整个文档
20. 标尺

二、判断题（正确时打√，否则打×）

1. √　2. ×　3. ×　4. ×　5. √　6. ×　7. √　8. ×　9. √　10. ×

11. √　12. ×　13. ×　14. ×　15. ×　16. ×　17. ×　18. ×　19. ×
20. ×　21. √　22. √　23. √　24. √　25. √　26. ×　27. ×　28. ×

三、选择题（单选）

1. B　2. B　3. B　4. C　5. C　6. A　7. B　8. B　9. D　10. B　11. D
12. A　13. B　14. B　15. C　16. C　17. B　18. D　19. B　20. B　21. C
22. B　23. B　24. A　25. D　26. B　27. D　28. C　29. D　30. A

参考文献

[1] 骆剑锋. Office 2010 完全应用. 北京：清华大学出版社，2012.
[2] 武新华，等. 完全掌握 Excel 2010 办公应用超级手册. 北京：机械工业出版社，2011.
[3] 陈颖，张凤梅，李海. 即学即用 Word/Excel 2010 办公实战应用宝典. 北京：科学出版社，2011.
[4] Z.Z 科普联盟. Office 2010 高效办公三合一. 北京：中国青年出版社，2011.
[5] 企鹅工作室，余素芬. Word 2010 排版及应用技巧总动员. 北京：清华大学出版社，2011.
[6] 吴作顺. Windows 7 体验之路. 北京：机械工业出版社，2010.
[7] 翟晓晓，董立峰，赵菲菲，等. 玩转 Windows 7. 北京：机械工业出版社，2010.
[8] 李广鹏，李斌，邵国健，等. Windows 7 系统维护百宝箱. 北京：机械工业出版社，2010.
[9] 红宝书编委会. 电脑红宝书：电脑常用工具软件实用宝典. 上海：上海科学普及出版社，2008.
[10] 相万让，等. 计算机基础. 2 版. 北京：人民邮电出版社，2007.